U0227577

实用系统仿真建模与分析
——使用Flexsim
（第2版）

Practical System Simulation Modeling and Analysis with Flexsim（2nd edition）

秦天保 周向阳 编著

清华大学出版社
北京

内 容 简 介

本书系统介绍离散系统仿真建模与分析的理论基础,采用仿真软件 Flexsim 以及大量案例,介绍仿真理论方法的实际应用。全书的组织基本上按照仿真项目研究的步骤展开。本书的主要特色是理论和应用结合得非常紧密,注重可操作性和实用性,帮助读者加强基础理论的同时,提高动手建模解决实际问题的能力。

本书可供高等院校物流、制造等专业本科生和研究生阅读,也可供各行各业的仿真工作者参考。

图书在版编目(CIP)数据

实用系统仿真建模与分析:使用 Flexsim/秦天保,周向阳编著.—2 版.—北京:清华大学出版社,2016
(2022.7 重印)
ISBN 978-7-302-42452-9

Ⅰ.①实… Ⅱ.①秦… ②周… Ⅲ.①离散系统(自动化)－系统仿真－应用软件 Ⅳ.①TP391.9

中国版本图书馆 CIP 数据核字(2015)第 307079 号

责任编辑:赵 斌 赵从棉
封面设计:常雪影
责任校对:赵丽敏
责任印制:杨 艳

出版发行:清华大学出版社
   网 址:http://www.tup.com.cn, http://www.wqbook.com
   地 址:北京清华大学学研大厦 A 座   邮 编:100084
   社 总 机:010-83470000   邮 购:010-62786544
   投稿与读者服务:010-62776969, c-service@tup.tsinghua.edu.cn
   质量反馈:010-62772015, zhiliang@tup.tsinghua.edu.cn
印 装 者:北京国马印刷厂
经 销:全国新华书店
开 本:185mm×260mm 印 张:13.25   字 数:318 千字
    (附光盘 1 张)
版 次:2013 年 2 月第 1 版 2016 年 2 月第 2 版 印 次:2022 年 7 月第 10 次印刷
定 价:36.00 元

产品编号:067573-02

　　生产制造、物流、服务等诸多行业中许多决策问题都具有随机因素,适合用系统仿真方法解决,但是传统上由于仿真建模非常复杂,严重阻碍了仿真技术的应用。随着现代可视化建模的仿真软件包的出现和普及,仿真技术的使用门槛大大降低,已经可以在企业中大规模推广应用了。

　　目前急需既了解仿真理论,又能够应用现代仿真软件包进行实际动手建模的仿真人才。本书将系统仿真的基本理论与现代仿真软件包的操作相结合,通过操作介绍理论,通过理论强化操作能力,使读者能够在基本仿真理论知识的武装下,利用现代仿真软件包进行实际仿真建模。

　　本书主要研究离散系统仿真,系统介绍离散系统仿真的理论基础,并通过 Flexsim 这一先进的仿真软件介绍理论方法的实际操作和应用。本书关注的应用领域主要包括物流、生产制造、服务行业,对其他行业也有参考意义。

　　本书的组织基本上按照仿真项目研究的步骤展开。第 1 章介绍仿真的基本概念。第 2 章通过小案例介绍 Flexsim 建模的基本操作以及排队系统的特征(排队模型是最基本的仿真模型)。第 3 章介绍输入数据采集与分析(即输入建模),重点是概念模型和随机变量的分布拟合。第 4 章介绍随机数和随机变数的生成机制以及它们与仿真软件的关系。第 5 章介绍仿真输出分析。第 6 章介绍 Flexsim 建模需要的一些较高级的技术。第 7 章介绍模型校核与验证的方法。第 8 章介绍仿真优化的方法。第 9 章通过较大的案例详细介绍仿真在物流、供应链等领域的典型应用。第 10 章介绍流体建模(连续系统建模)。最后,附录 A 介绍仿真需要用到的一些概率统计相关知识;附录 B 介绍 Flexsim 中常用建模对象的用法;附录 C 介绍 Flexsim 全自助多媒体仿真实验平台和教师教学资源包。本书许多章节配有实验题目,每个实验用时约 45 分钟,各章还配有习题,所有实验题和习题都附有答案。

　　相对于本书第 1 版,第 2 版的主要改动有:采用 Flexsim 7.3.6 版进行讲解,Flexsim 7.3.6 评估版可以使用 30 个实体建模(以前版本只能使用20 个实体);第 2 章补充介绍了故障建模、标签、仪表板的用法,还增加了组合器、分解器、分类输送机、堆垛机的用法介绍,有了这些实体的知识,读者基本上就能够建立一些接近实际的模型了;第 3 章采用更加简明的实体流程图进行概念建模,补充了更多 ExpertFit 中拟合优度检验的内容;第 5 章修改细化了仿真重复次数确定的方法,并介绍如何用 Excel 进行操作,大幅增加了 Flexsim 中仪表板和性能指标定义相关的内容;重写了第 8 章,以反映新版 Flexsim 的特征；重写了第 9 章库存系统仿真的内容，以反映新版 Flexsim 的特征；增加了第 10 章，介绍流体建模(连续系统建模)；增加了附录 C。

本书的编写由上海海事大学秦天保和北京创时能公司周向阳博士共同完成，周向阳编写了 9.3 节，其他所有章节由秦天保编写。本书采用的 Flexsim 软件版本是 Flexsim 7.3.6 版。

本书附带光盘一张，包含如下内容：

(1) Flexsim 7.3.6 评估版软件(需要购买正式版的用户可以和作者联系)；

(2) 书中例子所涉及的模型；

(3) 书中所有实验题的答案模型。

另外，本书附有 PPT 讲义，可免费赠给教师上课使用，需要的教师可以与秦天保联系索取(仅供教师)，E-mail：qtbhappy@163.com。

编者

2015 年 9 月

目录

CONTENTS

第 1 章　系统仿真基础

1.1　系统仿真的基本概念

1.1.1　系统与模型

在现实生活中,人们往往要对一些系统加以研究,如生产制造系统、物流系统、服务系统等,目的是评估或改进系统的性能。这里的系统是指为了完成某一目标而由一些相互作用的元素组成的整体(Schmidt and Tayor,1970)。如一个工厂系统,含有机器、操作员、运输小车、传送带以及存储空间等元素,这些元素相互作用,最终目标是产出产品。

许多情况下,难以直接对实际系统本身加以实验研究。例如,对一个运营中的集装箱码头,要对其不同的布局进行实验研究,以找出最优布局方案,是不可能真的在实际系统中进行研究的(成本过于昂贵)。而对一些计划建造的设施,由于实际设施尚不存在,也无法对实际系统进行研究。这时,最好建立一个实际系统的模型作为替代品来研究。

模型是系统各元素交互关系的简化表示,这些关系包括因果关系、流程关系以及空间关系等。模型可以分为物理模型、逻辑模型(凯尔顿等,2007),而逻辑模型又可以进一步分为符号模型、解析模型、仿真模型,如图 1-1 所示。

物理模型是实际系统的物理复制品或按比例缩放的实物模型,也称实体模型。例如,可以建立物料搬运系统的实物模型,用于研究不同设施布局

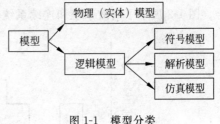

图 1-1　模型分类

对系统性能的影响。尽管物理模型在许多领域都有重要应用,但不是本书的讨论主题。

逻辑模型是指以图符、数学方程式或计算机程序等表达的反映现实系统要素间逻辑关系的模型。它可以进一步分为符号模型、解析模型和仿真模型。

(1)符号模型是利用一些图型符号诸如矩形、箭头等,来描述一系列的活动或要素间的相互关系的模型。常见的符号模型有流程图、设施布置图等。符号模型的优点是容易制作,易于理解。符号模型的缺点是难以利用它们对系统性能进行量化分析,也难以描述系统的动态特征。

(2)解析模型(又称分析性模型)是一种利用数学方程式(含不等式)表达系统要素间关系的模型。它可以是简单的方程式,也可以是复杂的数学规划模型(由一个目标函数和一组

约束方程组成)。解析模型的优点是形式规范,模型逻辑表达清晰,常常能够求得确定的最优解,但也有缺点,如解析模型通常只能解决静态的、规范性的、确定性(或简单几率性)的问题,难以解决复杂动态随机系统问题。

(3)仿真模型是指利用计算机建立的模拟真实系统运行的模型。仿真模型的优点是可以模拟和研究复杂动态随机系统,通过仿真模型进行实验通常比用实际系统进行实验成本低得多。其缺点是模型逻辑难以清晰表达(隐藏于程序中),模型对许多决策问题难以求得确定的最优解。

1.1.2 仿真及其分类

仿真(计算机仿真、系统仿真)就是建立计算机仿真模型模拟现实的动态系统,在仿真模型上执行各种实验,以评估和改善系统性能。仿真可以根据所模拟的系统特性分为连续系统仿真、离散系统仿真和混合系统仿真。

(1)连续系统仿真:在这种仿真中,反映系统状态的状态变量取值随时间连续变化。如温控系统的温度是连续变化的,它是一个连续系统,对其进行仿真即为连续系统仿真。

(2)离散系统仿真:在这种仿真中,反映系统状态的状态变量取值随一个个离散事件的发生而在特定的时点离散变化,系统的状态变化是由(往往是随机发生的)事件驱动的。例如,银行排队系统中状态变量有顾客排队长度、服务台忙闲状态等,它们都是随顾客到达、顾客接受服务后离开等事件离散变化的,因此,银行排队系统是离散系统,对其进行的仿真即为离散系统仿真。

在上面的定义中系统状态是指与研究目的相关的刻画系统特征的状态变量取值的集合。图1-2展示了离散系统和连续系统状态变量取值是如何随时间变化的。

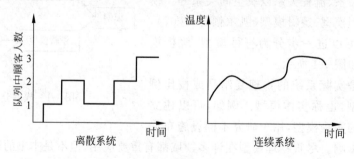

图 1-2 离散系统和连续系统

(3)混合系统仿真:如果仿真所模拟的系统既有连续的部分,也有离散的部分,则称为混合系统仿真。比如液态包装奶的生产流程,在液态奶包装前,奶液处于管道和储液罐中进行各种处理,此为连续系统,在处理完成后包装到一个个小盒子里,后续储存、出库流程就属于离散系统。

由于绝大多数服务系统、物流系统、生产制造系统都是离散系统,所以本书主要研究离散系统仿真。

1.2　可视化仿真软件包

1.2.1　仿真使用的软件工具

可以采用多种软件工具建立仿真模型,这些工具总结如下:

(1) 通用程序设计语言:如 VB、C、C++、Fortran 等。

(2) 通用仿真语言:如 GPSS、SIMSCRIPT、SLAM、SIMAN 等。

(3) 电子表格及其插件:如 Excel、@Risk(Excel 插件)、Crystal Ball(Excel 插件)等。

(4) 可视化仿真软件包:如 Flexsim、Automod、Plant Simulation、ExtendSim、Arena、Simio、Promodel、Simul8、Witness、Anylogic 等。

最初,人们使用 C、Fortran 等通用程序设计语言开发仿真模型,由于这些语言并非专门为仿真的目的而设计,故开发仿真模型的工作量大而烦琐。之后,人们设计了一些专门用于开发仿真模型的程序设计语言,它们包含一些仿真特定的构造,采用这种语言开发仿真模型大大降低了开发难度和工作量,但是仍然比较烦琐。随着电子表格软件统计功能的发展,电子表格成为很好的仿真平台,可以利用它及其插件较为方便地开发一些仿真模型。

使得仿真走向广泛应用和普及的是可视化仿真软件包出现,利用这些软件包,可以非常方便地利用图标以可视化方式构建仿真模型,大大提高了建模效率,降低了建模难度。

1.2.2　常见可视化仿真软件包

现代可视化仿真软件包通常具有友好的图形化用户界面,可以利用形象的图标模块以搭积木式建立仿真模型,支持 2D 和 3D 动画。另外,还提供输入数据分布拟合工具、输出数据分析等模块,这些功能支持大大简化了建模过程。

目前,市场上已有大量的商品化的可视化仿真软件包,它们面向制造系统、物流系统、服务系统等领域,成为研究企业系统、提升企业竞争力的有效工具。下面简要介绍几种常用仿真软件(按字母顺序)。

1. Arena

Arena 是美国 Rockwell Automation 公司的通用仿真软件产品,它提供可视化、交互式的集成仿真环境,可以与通用编程语言(如 Visual Basic、Fortran 和 C/C++等)编写的程序连接运行。Arena 提供内嵌 Visual Basic 编程环境 Visual Basic for Application(VBA),用户可以利用 Visual Basic Editor 编写 VB 代码,灵活定制各种复杂逻辑。图 1-3 所示为 Arena 仿真软件的界面。

2. AutoMod

AutoMod 是 Brooks Automation 公司(该公司现已被 Applied Materials 公司收购)的产品。它由仿真模块 AutoMod、试验及分析模块 AutoStat、三维动画模块 AutoView 等部分组成,3D 动画功能较强。

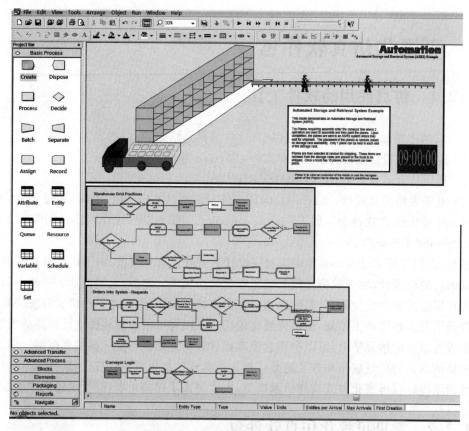

图 1-3   Arena 仿真软件的界面

AutoMod 采用内置的模板技术,提供物流及制造系统中常见的建模元素,如运载工具(vehicle)、传送带(conveyor)、自动化存取系统(automated storage and retrieval system, AS/RS)、桥式起重机(bridge crane)、仓库(warehouse)、堆垛机(lift truck)、自动引导小车(automated guided vehicle,AGV)、货车(truck)、小汽车(car)等,AutoMod 软件的主要应用对象是制造系统以及物料搬运系统。图 1-4 为 AutoMod 仿真软件的界面。

图 1-4   AutoMod 仿真软件的界面

3．ExtendSim

ExtendSim 是美国 Imagine That 公司的产品，它采用 C 语言开发，可以对离散系统和连续系统进行仿真，且具有较高的灵活性和可扩展性。ExtendSim 不仅能够对实体流动进行可视化建模，而且对数据流动和控制结构也可以可视化建模而无须编写程序，这使得ExtendSim 非常容易学习，对初学者的编程能力要求不高，其界面如图 1-5 所示。

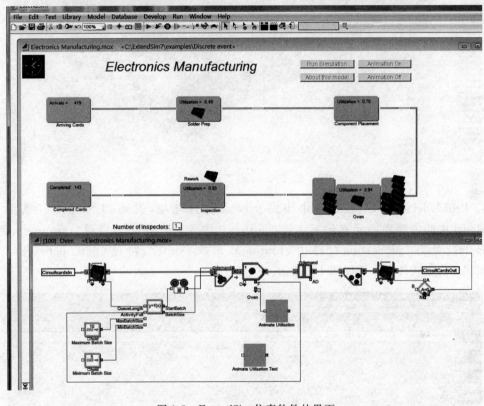

图 1-5　ExtendSim 仿真软件的界面

4．Flexsim

Flexsim 是美国 Flexsim 公司的产品，它采用 C++语言开发，采用面向对象编程和 Open GL 技术，提供三维图形化建模环境，可以直接建立三维仿真模型。它支持离散系统和连续流体系统建模。

Flexsim 提供了众多的对象类型，如操作员、传送带、叉车、仓库、储罐、货架等，可以快速高效地构建制造、物料搬运、服务等系统模型。图 1-6 所示为 Flexsim 仿真软件的界面。

Flexsim 可以直接导入 3D Studio、VRML、DXF、STL 和 SKP（仅 Flexsim 5.0 及以上版本支持 SKP 文件导入）等 3D 图形文件。

5．ProModel

ProModel 是由美国 ProModel 公司开发的系统仿真软件，用于生产、物流和服务系统

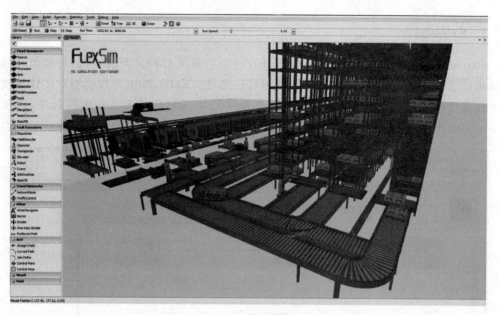

图 1-6　Flexsim 仿真软件的界面

建模。ProModel 提供二维图形化建模及动态仿真环境，并可以转化为三维场景。ProModel 中的主要建模元素包括实体（entities）、位置（locations）、资源（resource）、到达（arrivals）、处理（processing）、路由（routing）、班次（shift）、路径（path networks）等。ProModel 仿真软件的界面如图 1-7 所示。

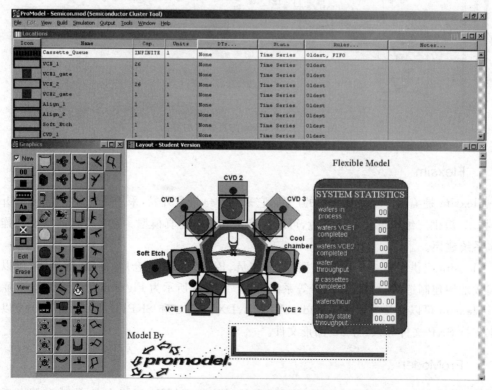

图 1-7　ProModel 仿真软件的界面

6. Witness

Witness 是英国 Lanner 集团开发的通用仿真软件,支持离散系统和连续流体系统建模。Witness 提供了丰富的模型单元,包括物理单元和逻辑单元。其中,物理单元用于描述系统中的工具、设备等,如工件(part)、缓存(buffer)、机器(machine)、传送带(conveyor)、操作工(labor)、处理器(processor)、容器(tank)、管道(pipe)等;逻辑单元用于表示系统中对象的特性及其逻辑关系等,如属性(attribute)、变量(variable)、分布(distribution)、班次(shift)、文件(file)、函数(function)等。图 1-8 为 Witness 仿真软件的界面。

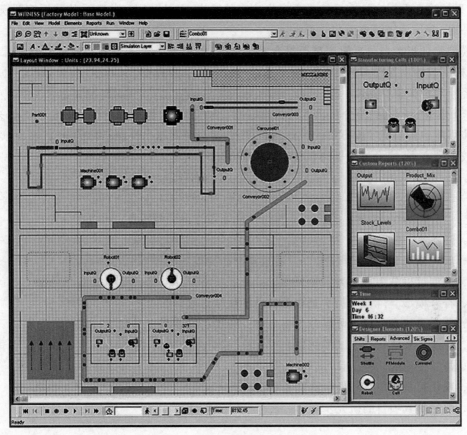

图 1-8　Witness 仿真软件的界面

实际上,市场上的仿真软件非常多,例如 Anylogic、Quest、Plant Simulation、Simul8 等都是非常好的产品,读者可以根据需要进行选择。

1.3　仿真项目研究主要步骤

仿真项目研究通常包含以下主要步骤。

(1) 定义仿真研究的目的。通过明确仿真研究的目的可以使未来进行系统调研和建模时抓住重点,而不是面面俱到,浪费时间,甚至偏离系统研究方向。

（2）收集数据、建立概念模型。研究现有系统（或设计中的系统），理解系统运作流程，收集相关数据。在此基础上，建立系统的概念模型，概念模型通常以图形表示系统运作流程，便于理解和交流。

（3）建立计算机仿真模型。一旦概念模型通过审核，就可以利用仿真软件根据概念模型建立计算机仿真模型。

（4）模型校核(verification)与验证(validation)。模型校核是考查计算机仿真模型是否按照预先设想的情况运行，是否真实描述了概念模型，通俗地讲就是找出模型中的各种语法及逻辑错误。可以考察输入参数在各种极端情况取值下系统的行为，并利用能产生"直观明显"结果的输入数据来检查系统是否产生应有的输出，以及利用一些熟悉的数据按照模型逻辑过一遍，看是否能得出预期结果。

模型验证指考查仿真模型是否符合实际情况，如模型的输入分布与实地观察结果是否一致，模型的输出性能指标与实际情况是否一致。在此要作必要的统计检验，同时，也需要许多经验和常识进行判断。

（5）实验运行和结果分析。运行仿真实验，得出输出数据并进行结果分析。具体来说，这一步可能包括仿真实验方案的设计，通过实验运行得到输出性能指标的统计，根据实验输出比较不同方案，或者进行敏感性分析以及最优化分析等。

1.4 习题

1. 阐述系统和模型的概念，以及通过模型研究系统的原因。
2. 模型可以分为哪几类？
3. 符号模型、解析模型、仿真模型各自的优缺点是什么？
4. 什么是仿真？仿真可以分为哪几类？各类仿真的特点是什么（举例说明）？
5. 什么是系统状态？试举例说明。
6. 仿真使用的软件工具可以分为哪几类？
7. 现代可视化仿真软件包具有哪些特点？
8. 简述仿真项目的研究步骤。

第 2 章　Flexsim 仿真入门

本章通过几个简单的排队系统案例,介绍最基本的 Flexsim 仿真建模技术和概念。同时介绍排队系统的一些基本概念以及离散系统仿真模型的组成要素。

2.1　排队系统仿真

排队系统是一类重要的离散系统。排队系统是由顾客和为顾客提供服务的服务台组成的系统,顾客先进入等待队列排队,然后接受服务台提供的服务。排队系统在服务业、物流业以及生产制造等行业有广泛的应用。如顾客到银行办理业务时先排队,然后在柜台(服务台)接受服务;物流系统中车辆(顾客)在装卸点排队,然后在装卸台(服务台)接受装卸服务;生产系统中产品(顾客)在加工机器前排队,然后接受机器(服务台)的加工服务,等等。最简单的排队系统是单队列单服务台系统,而多个队列、多个服务台通过串联、并联组合起来可以构成复杂的排队网络系统。现实系统往往是复杂的排队网络系统。下面通过几个小案例来介绍如何使用 Flexsim 建立排队系统模型。

2.2　案例:带返工的产品制造模型

2.2.1　模型描述

某工厂制造 3 种类型产品,产品按随机的时间间隔从工厂其他部门到达。模型中有 3 台加工机器,每台机器加工一种特定的产品。产品完成加工后,必须在一个检验设备中检验,如果质量合格,就被送到工厂的另一部门,离开仿真模型。如果发现制造有缺陷,则必须返工,产品被送回到仿真模型的起始点,然后由对应的机器重新加工一遍。仿真的目的是找到瓶颈的所在。其系统结构如图 2-1 所示。

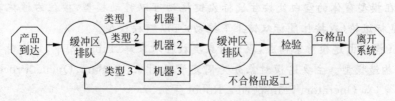

图 2-1　带返工的产品制造系统结构

系统参数如下：产品到达时间间隔服从均值为 5 秒的指数(exponential)分布。到达产品类型服从 1 到 3 的整数均匀(duniform)分布。三台机器的加工时间都服从均值为 10 秒、标准差为 0.5 秒的正态(normal)分布，要说明的是加工时间为正态分布一般是不合适的，因为正态分布可能取得负值，不符合实际，这里采用正态分布仅仅是作为例子而已。检验时间为常数 4 秒，80%的产品检验合格，20%的产品检验不合格。两个缓冲区的容量都为10000，即最大同时容纳 10000 个产品。仿真时间长度假设为 50000 秒。

通过这个模型可以学习基本的排队系统建模方法，同时也练习和熟悉 Flexsim 的基本操作和基本概念，请特别注意"提示"中的内容。在下面的操作中，涉及的 Flexsim 概念有：Flexsim 对象分类、流动实体、端口、触发器等。

本模型见附带光盘的"bookModel\chapter2\fanGong.fsm"，但读者最好按照以下操作步骤自己动手建立模型。

2.2.2　建模步骤

1. 启动 Flexsim，设置模型单位

启动 Fexsim，通过菜单命令 File→New Model 创建一个新模型。这时，会弹出模型单位设置对话框，如图 2-2 所示。设置时间单位为 Seconds (秒)，长度单位为 Meters(米)。本模型没用流体对象，流体(fluid)体积单位保持默认即可。单击 OK 按钮进入 Flexsim 建模界面。

提示：Flexsim 模型单位在建立新模型开始时就要设定好，一旦设定，在模型中就无法修改。

2. 创建和命名对象

Flexsim 的基本界面如图 2-3 所示。首先，从对象库中用鼠标拖曳一个发生器(Source)、两个队列(Queue)、四个处理器(Processor)和一个吸收器(Sink)对象到模型窗体中，按图 2-3 布置好对象位置，并按图 2-3 重新命名各对象名字。可双击对象，调出对象属性窗体修改对象名字。也可单击对象，在右边该对象的快速属性窗体的 General Properties 页修改对象名字。这里要说明的是每个

图 2-2　设置模型单位

Flexsim 建模对象都有自己的属性，要查看或修改其属性，可以双击它调出它的属性窗体进行修改，对有些常用属性，也可以直接在其快速属性窗体修改。

提示：在模型窗体的空白处按住鼠标左键拖动可以移动模型，按住右键拖动可以旋转模型，滚动鼠标滚轮(或按住鼠标双键上下拖动)可以缩放模型。

Flexsim 模型由建模对象构成，原始对象类放在对象库(Library)中，建模时将其拖放到模型窗体中构造模型。主要建模对象分为固定资源对象(如 Sink、Queue、Processor 等)和移动资源对象(如 Operator、Transporter、Robot 等)。

如果要删除已放置到模型中的对象，可以单击对象，再按 Delete 键。

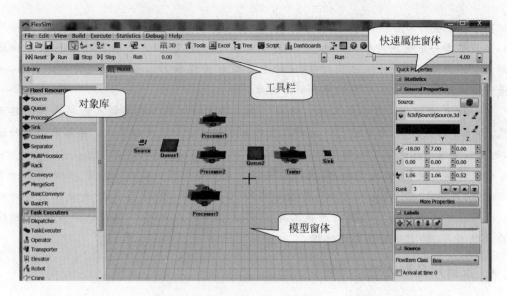

图 2-3　Flexsim 基本界面

3．连接对象

按照产品流动的路径，从 Source 开始两两连接对象（用 A 连接，连接方法见下面的提示部分），产品将沿着连线在对象间流动，连接时注意连接方向是从起点对象到终点对象，具体连接方案如下：

（1）连接 Source 到 Queue1。

（2）连接 Queue1 分别到 Processor1、Processor2 和 Processor3（注：要严格按次序连接）。

（3）分别连接 Processor1、Processor2 和 Processor3 到 Queue2。

（4）连接 Queue2 到 Tester。

（5）连接 Tester 到 Sink。

（6）连接 Tester 到 Queue1（注意这个连接的方向，该连接用于将返工产品返回给 Queue1）。

连接完成后的模型如图 2-4 所示。

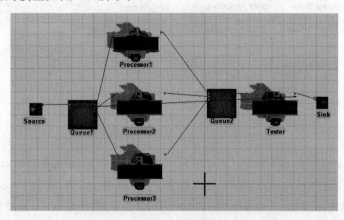

图 2-4　连接对象

提示：连接对象有两种方法，一种方法是左手按住键盘上的 A 键不松手(进入连接模式)，然后单击一下起点对象，再单击一下终点对象即可连接上，连上后可松开 A 键退出连接模式。推荐采用这种方法连接对象，这种连接称为 A 连接。注意 A 连接是有方向的，要顺着产品流动的方向确定起点对象和终点对象。

另一种 A 连接方法是单击工具栏的 A 连接工具 ![icon] (进入连接模式)，然后单击起点对象，再单击终点对象，即可连接。按键盘上的 Esc 键可退出连接模式。不推荐采用这种方法，因为经常容易忘记按 Esc 键退出连接模式。

如果要断开连接，删除连线，则使用 Q 连接。左手按住键盘 Q 键不松手，然后单击一下起点对象，再单击一下终点对象即可删除原来的 A 连接。注意 Q 连接与 A 连接的方向相同。也可以单击工具栏的 Q 断开连接工具 ![icon]，然后单击起点对象，再单击终点对象，删除相应的 A 连接，按 Esc 键退出连接模式。

4. 设置产品到达时间间隔

现在设置产品到达时间间隔，它服从均值为 5 秒的指数分布。双击创建产品的 Source 对象，在弹出的属性窗体中设置 Inter-Arrivaltime(产品到达时间间隔)为 exponential(0,5,0)，如图 2-5 所示。指数分布函数 exponential(0,5,0)的第一个参数是位置参数，第二个参数是均值(尺度参数)，第三个参数指定使用哪个随机数流(这里使用默认的 0 号流)。另外，也可以通过模型窗体右侧的快速属性窗体设置间隔时间。

关于概率分布的位置(Location)、尺度(Scale)、形状(Shape)等参数的含义，请参考附录 A.2.1。关于随机数流请参考第 4 章，Flexsim 中每个概率分布函数的最后一个参数都是流参数，该参数也可省略(这样 Flexsim 就会采用默认的流)。不要关闭属性窗体，继续进行下一步。

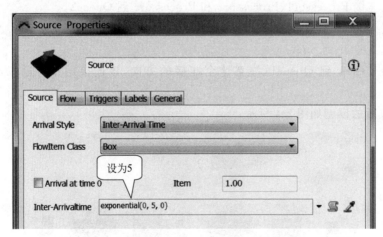

图 2-5　设置达到时间间隔

提示：系统中沿不同路线流动，并在不同地方加工处理或被服务的对象，在 Flexsim 中称为流动实体(Flowitem)。Flowitem 可以代表产品、零件、托盘、容器、人、电话呼叫、订单等。Flowitem 通常由 Source 对象生成，经过一系列处理，最终到达 Sink 对象离开系统。

Inter-Arrivaltime 为代码字段，代码字段右侧都有图标按钮 ![icon]。所谓代码字段是指其内容实际是一段代码,其作用是要向 Flexsim 对象返回需要的数据。例如,这里 Inter-Arrivaltime 字段要向 Source 对象返回间隔时间(这里是一个分布函数),以便 Source 对象根据该间隔时间生成流动实体。如果要看原始代码,可单击按钮 ⬚ 调出代码窗体,里面有语句 return exponential(0,5,0)。单击下拉按钮 ▼ 可选择内置的一些代码模板。

5. 设置产品类型和颜色

在 Source 的属性窗体选择触发器(Triggers)页,该页有许多触发器字段,是编写触发事件代码的地方,即当某特定事件发生时,就会触发执行相应的程序代码,如图 2-6 所示。这里,要在创建产品时设置产品的类型和颜色。单击 OnCreation 触发器右边的 ⊞ 按钮,在下拉列表中选择 Set Itemtype and Color,就会出现如图 2-6 所示的代码模板,该模板的含义就是设置产品类型(Itemtype)的值由整数均匀分布 duniform(1,3) 给出,即均匀地在 1、2、3 中取值。注意,实体 item 就是流动实体 flowitem 的简称,在这里代表产品。

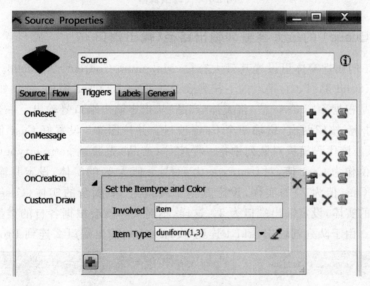

图 2-6　触发器代码模板

提示: 触发器 Triggers 是 Flexsim 提供的控制与编程机制,它实际上也是一段程序代码,用以执行某个功能(如设置产品类型等)。当对象上发生特定事件时,相应触发器被触发执行。在图 2-6 中,单击触发器右边的 ⊞ 按钮,可以从弹出的触发器代码模板列表选择和增加代码模板,代码模板是预先编制好的执行特定功能的代码。用户只要选择某个模板,即可完成触发器设置,无须编程,极大地简化了模型开发。触发器字段的作用是执行某个特定的功能,比如设置产品类型等,而不是返回值给 Flexsim 对象,因而其代码中没有 return 语句,这是其与代码字段的不同之处。

单击 ⬚ 按钮可以查看和修改已经选中的代码模板。单击 ✖ 按钮删除当前选择的代码模板。单击 ⬚ 按钮进入代码编辑器,如图 2-7 所示,这里列出了代码模板对应的原始程序,如果要执行复杂的程序控制逻辑,就需要在代码编辑器里编写程序。

Flexsim 中每个流动实体 Flowitem(这里代表产品)都有一个内置属性实体类型 Itemtype,可以代表条形码、产品类型或工件号等,其默认值为 1。

```
Source - OnCreation
 1  treenode item = parnode(1);
 2  treenode current = ownerobject(c);
 3  int rownumber = parval(2);  //row number of the schedule/sequence table
 4
 5  { //************ PickOption Start ************\\
 6  /***popup:SetTypeAndColor*/
 7  /**Set Itemtype and Color*/
 8  treenode involved = /** \nFlowitem: *//***tag:involved*//**/item/**/;
 9  double newtype = /** \nItemtype: *//***tag:type*//**/duniform(1,3)/**/;
10  setitemtype(involved,newtype);
11  colorarray(involved,newtype);
12
13  } //******* PickOption End *******\\
14
```

图 2-7　代码编辑器

6. 设置 Queue1 的最大容量和输出路径(输出端口)

在 Queue1 的属性窗体里设置其最大容量(Maximum Content)为 10000。在 Flow 页,在发送到端口(Send To Port)字段的下拉列表选择 Port By Case 模板,结果如图 2-8 所示。该模板的功能是根据不同 Case 值,将实体(产品)从指定输出端口号输出。一开始只有一条 Case 项目,单击 ✚ 按钮两次,增加两个 Case 项目。并按图 2-8 设置好 Case 值和输出端口号 Port 的关系。该代码模板对队列中每一个实体(产品)先通过 getitemtype(item) 函数取得其实体类型值作为 Case 值,对 itemtype 为 1(Case 值为 1)的实体,设定其输出端口为 1;itemtype 为 2(Case 值为 2)的实体,设定其输出端口为 2;剩余的实体(Case Default),即 itemtype 为 3 的实体,设定输出端口为 3。这样,不同实体就会根据各自的类型从不同输出端口离开队列。由于队列的输出端口 1 连到 Processor1、输出端口 2 连到 Processor2、输出

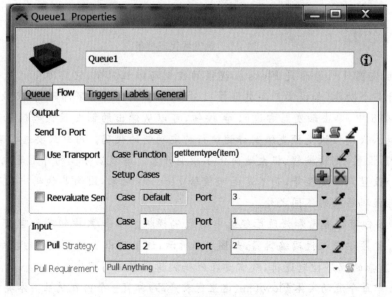

图 2-8　发送端口设置

端口 3 连到 Processor3，所以类型 1 的产品会进入 Processor1、类型 2 的产品进入 Processor2、类型 3 的产品进入 Processor3。

Send To Port 字段本质上是一段代码，该代码要对每个实体返回一个数值，即输出端口号给 Queue1 对象，Queue1 对象即可利用该数值发送不同实体到相应的输出端口。用户可以在 Send To Port 字段中编写自己的代码以实现更加复杂的输出路径选择逻辑。

提示：对象通过端口与其他对象进行通信。端口有 3 种类型：输入、输出和中间端口。

输入和输出端口用于传递流动实体，即流动实体从上一个对象的输出端口出去，流动到下一个对象的输入端口，进而进入该对象。

输入和输出端口由"A 连接"创建。当用"A 连接"连接两个对象时，会自动在起点对象上创建输出端口，在终点对象上创建输入端口。也就是说，每一个 A 连接都会创建一对输出、输入端口。对象上的输入端口显示为绿色小三角，附着于其图标左边；输入端口显示为红色小三角，附着于其图标右边。图 2-9 显示了几个对象的输入输出端口，例如对象 Queue 的左边有一个绿色输入端口，右边有三个红色输出端口。端口从上往下从 1 开始依次编号（内部编号），如对象 Queue 的输入端口仅有一个，为 1 号输入端口；其输出端口有 3 个，分别编为 1、2、3 号。

A 连接对象的连接次序很重要，例如一个 Queue 对象若通过 A 连接分别连接到 3 个 Processor，则 Queue 的第 1 个连接创建的输出端口是 1 号端口，第 2 个连接创建的输出端口是 2 号端口，第 3 个连接创建的输出端口是 3 号端口。

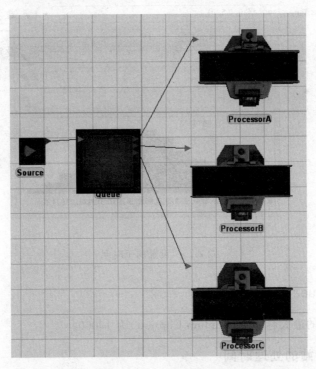

图 2-9 输入、输出端口

中间端口不用于传递实体，而是用来建立一个对象到另一个对象的引用。关于中间端口的说明参见 2.2.4 节中"增加移动资源——操作员"的内容。

7. 设置加工时间

这一步设置三台机器的加工时间，它们都服从均值为 10 秒、标准差为 0.5 秒的正态分布。双击 Processor1 调出其属性窗体，在 Process time 字段下拉列表中选择 Statistical Distribution，在出现的代码模板中选择正态分布 normal，如图 2-10 所示，设置均值参数 Mean 为 10，标准差 Std Dev 为 0.5，其他参数采用默认即可。对 Processor2 和 Processor3 作同样设置（注：也可通过快速属性窗体设置加工时间）。

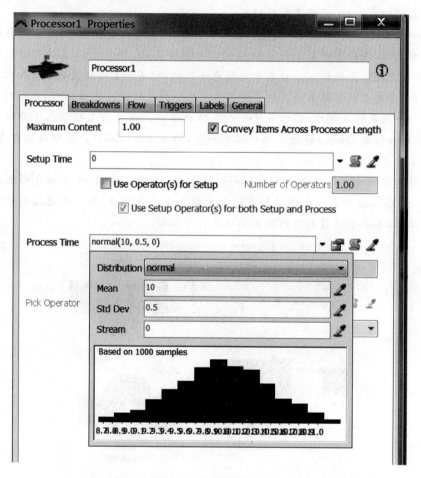

图 2-10　设置加工时间

8. 设置 Queue2 的最大容量

设置 Queue2 的最大容量（Maximum Content）为 10000。

9. 设置检验站的处理时间

双击 Tester 调出其属性窗体，在 Process time 字段直接输入 4，表示检验时间是常数 4 秒。

10. 设置检验站输出路径

现在,要设置检验站 Tester 的输出路径,合格品发送到 Sink,不合格品返回到模型起始的队列 Queue1 中。在前面第 3 步已经将 Tester 通过 1 号输出端口连到 Sink,通过 2 号输出端口连到 Queue1,因此这里只需设置产品向两条路径(更准确地说是端口)发送的比例。

在 Tester 属性窗体 Flow 页的 Send To Port 代码字段下拉列表框中选择 By Percentage,然后在出现的代码模板中按图 2-11 设置参数(要按 ➕ 增加一条)。其含义是 80％的产品发往 1 号端口(到 Sink),20％的产品发往 2 号端口(到 Queue1)。

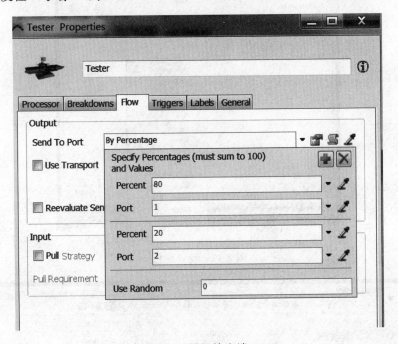

图 2-11　设置输出端口

如果想在视觉上区别返工的产品,可以将离开 Tester 的产品设为黑色。在 Tester 属性窗体 Triggers 页,单击 OnExit 触发器字段右边的 ➕ 按钮,在下拉列表框中选择 Set Object Color 条目,这时,会出现代码模板窗口,如图 2-12 所示,在 Color 字段下拉列表框中选择 Black,单击 OK 按钮关闭属性窗体。

11. 设置停止时间,重置和运行模型

现在可以运行模型了,先按照图 2-13 设置仿真运行停止时间为 50000。

单击工具栏中 ◀◀ Reset 按钮重置模型,然后单击 ▶ Run 按钮运行模型,观察系统运行状况。注意,在运行任何模型前都应该先单击 Reset 按钮重置模型,以防系统发生不可预知的错误。

可以拖动工具栏的 Run Speed 滑块调节运行速度。单击 ■ Stop 按钮停止模型运行。单击模型空白处,在右边快速属性窗体的 View Setting 页,可以选择 Prensentation Mode 或 Working Mode 两种模式之一展示模型。

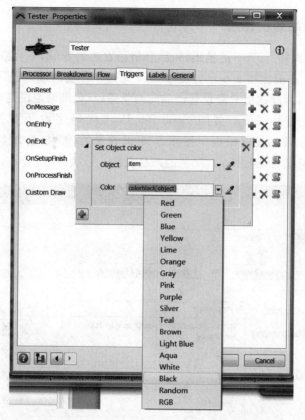

图 2-12　设置颜色

图 2-13　设置仿真运行停止时间

2.2.3　实验研究

1. 寻找瓶颈

（1）通过队列堆积情况发现瓶颈

可以通过多种方法发现系统瓶颈。一种是可以简单地观察 Queue 中产品排队的长度。如果模型中某个 Queue 持续有很多的产品堆积，这可能表明该队列的下游处理器就是瓶颈（注意，不一定必然是瓶颈，也可能是下游的下游造成的阻塞。另外，瓶颈一般指机器、设备以及各种移动资源，一般不指队列或缓冲区）。运行该模型，运行到 50000 秒停止，结果如图 2-14 所示。注意到第二个 Queue 堆积很多产品，而第一个 Queue 产品堆积不多，这说明检验站（Tester）就是瓶颈。

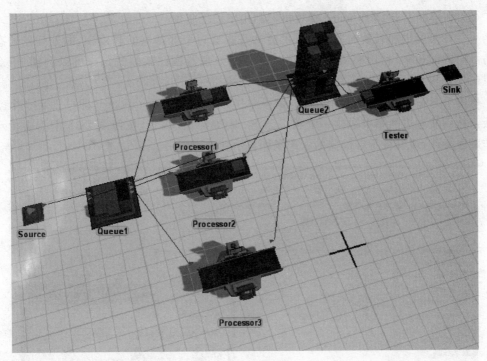

图 2-14 运行结果

还可以观察一些仿真运行输出数据(性能指标),来判断系统运行状况。例如在 Queue2 的快速属性(Quick Properties)窗体(如图 2-15 所示)中,可以观察到 Queue2 的平均队长为 40.82,最大队长为 101。Queue2 中实体的平均等待(停留)时间为 164.32,最大等待时间为 402.48。读者可以对比 Queue1 的相应输出数据,会发现 Queue2 的堆积程度远超 Queue1。

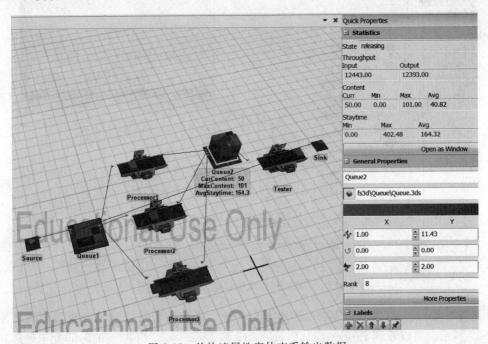

图 2-15 从快速属性窗体查看输出数据

（2）利用仪表板 Dashboard 查看机器利用率发现瓶颈

另一种可能更加有效的发现瓶颈的方法是查看每个处理器的利用率，即处理器忙态占总仿真时间的比率，利用率最大（接近 100%）的处理器往往就是瓶颈。可以利用 Flexsim 提供的仪表板 Dashboard 工具定义和查看利用率指标。

单击工具栏的 ⊪ Dashboards 按钮，在下拉菜单中选择 Add a dashboard，即可创建一个空仪表板。然后从左边的库中拖放一个状态条 State Bar 到仪表板，按照图 2-16 中箭头指示的操作顺序操作，即可将所有机器的状态条图显示在一张图中。

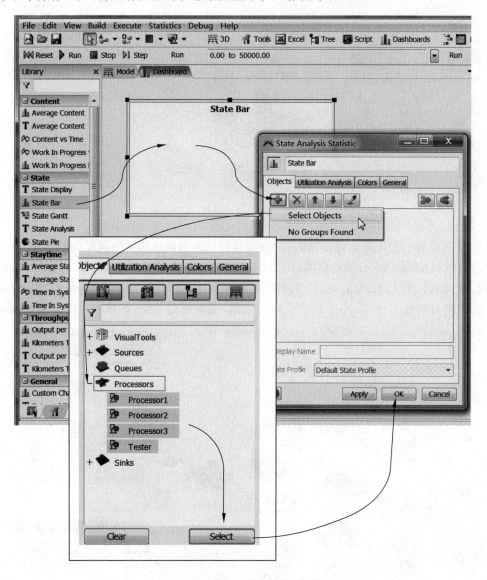

图 2-16　增加状态条图

重置并运行模型，直到模型在 50000 秒时停止。在仪表板可以看到各机器的利用率如图 2-17 所示。可以看到 Processor1、Processor2 和 Processor3 约 83% 的时间处于处理状态

（忙态），即利用率约为 83％，故不是瓶颈。而检验站 Tester 约 98％的时间处于处理状态（忙态），利用率接近 100％，说明它就是瓶颈。

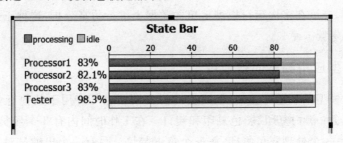

图 2-17　各机器利用率

2. 提高产能

由于检验站几乎 100％利用，要提高生产能力，明显需要在系统中增加第 2 个检验站。

（1）现在创建第 2 个检验站。从对象库拖放一个 Processor 到模型中，放在第一个 Tester 下面。设置它的名字为 Tester2，处理时间为 4 秒，与 Tester 一样。

（2）用"A 连接"将 Queue2 连到 Tester2，然后依次连接 Tester2 到 Sink，连接 Tester2 到 Queue1。

（3）在 Tester2 的 Flow 页中，在 Sent To Port 下拉列表框中选择 By Percentage，在代码模板设置 80％至端口 1,20％至端口 2，与 Tester 一样。

这样就完成了新模型配置，本模型见附书光盘的"bookModel\\chapter2\\fanGong2.fsm"。

3. 评估新配置

现在运行此模型至少 50000 秒，观察各机器利用率如图 2-18 所示。检验站 Tester 约 66％的时间忙，而新检验站 Tester2 仅约 35％的时间忙。这是因为检验站缓冲区 Queue1 优先向第一个输出端口（对应 Tester）发送产品，导致 Tester 比 Tester2 的利用率高。而 3 个上游处理器的利用率都不到 90％。整个系统没有机器的利用率接近 100％，说明系统已无瓶颈。

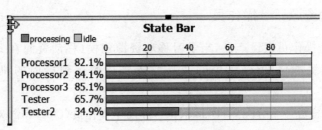

图 2-18　各机器利用率

4. 结论

对于这个简单模型，采用数学模型和公式也可以得到相同的结论（即瓶颈在哪里）。然而，真实的系统经常会比这个模型复杂得多，难以用数学模型求解。而使用仿真，可以和上面的例子一样模拟复杂的实际系统,得到分析结果。

另外,以上对仿真输出数据的分析都是在单次运行仿真模型的基础上做出的,还不太规范。一般情况下,应该在多次运行模型得出的数据上进行仿真分析,这种正式规范的仿真输出数据分析请参考第 5 章。

5. 将该模型应用到不同行业中

虽然上面的模型是制造行业的,但同类的仿真模型也可应用于其他行业。例如一个复印店提供三种服务:黑白复印、彩色复印和装订。在工作时间内有 3 个雇员工作,一个负责黑白复印工作,另一个处理彩色复印,第三个负责装订。另有一个出纳员对完成的工作进行收款。每个进入复印店的顾客把一项工作交给专门负责该工作的雇员,工作完成后产品放到出纳处排队,出纳把它交给顾客并收取相应的费用。但有时候顾客对完成的工作并不满意,此项工作必须被返回相应的员工进行返工。上面描述的制造业中所用的仿真模型也可用于此场景。但是,在此例中,我们可能更多关注在复印店等待的人数,因为为缓慢的服务对复印店的业务来说成本高昂。

再来看一个应用于运输业的例子。每辆穿越桥梁从加拿大到美国去的商业运输卡车,在允许入境前必须通过海关设施。每个卡车司机必须首先填写适当的文件,卡车通常有三个重量级别,不同级别需要填写不同的文件,且必须向海关的不同部门提出申请。文件填写完成后,所有载重量的卡车都必须通过同一检查过程。如果未通过检查,则必须进行更多的文件填写工作。同样,这种情况包含与制造业的例子完全相同的仿真元素,只是将其运用在运输业中。这里,用户或许对卡车在桥梁上积聚多少辆感兴趣。如果车辆排列数英里造成交通堵塞,那么就需要对设施的运作做出改变。

2.2.4   更多建模技术

本节介绍更多的建模技术,包括移动资源建模、故障建模、标签的使用等,本节模型见附书光盘的"bookModel\chapter2\fanGong3.fsm"。

1. 增加移动资源——操作员

本节增加两个操作员搬运产品,来学习移动资源建模(移动资源在 Flexsim 中称为任务执行器)。假设缓冲区 Queue1 中的产品要操作员搬运到后面的机器上,可以这样操作:

(1) 从对象库拖放一个分配器(Dispatcher)和两个操作员(Operator)对象到模型中。

(2) 按住 S 键将 Queue1 连到 Dispatcher 上,这会形成中间端口连接,固定资源对象到分配器的连接一般是"S 连接"("S 连接"是无方向的,可用"W 连接"删除"S 连接")。

(3) 按住 A 键将 Dispatcher 分别连到两个 Operator 上(注意,"A 连接"是有方向的),完成后的模型布局如图 2-19 所示。

(4) 调出 Queue1 属性窗体,在 Flow 页选中 Use Transport。

(5) 运行模型可以看到操作员搬运产品移动的效果。

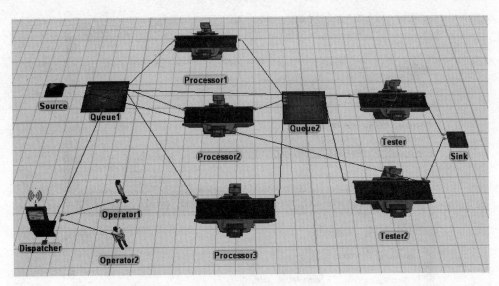

图 2-19　移动资源建模

　　提示：本例用到了中间端口，中间端口不用于传递实体，而是用来建立一个对象到另一个对象的引用，在对象间传递信息。中间端口由"S连接"创建，显示为附着在对象图标下边沿中间的红色方块。图 2-19 中的 Queue1 和 Dispatcher 对象上各有一个中间端口。

　　在这个模型中，Queue1 会创建搬运任务的指令（称为任务序列），这些指令会传递给分配器，默认情况下，分配器会将这些指令排队，然后发送给可用的（空闲的）操作员，操作员收到指令后就执行搬运任务。本模型见附书光盘的"bookModel\chapter2\fanGong3.fsm"。

2. 故障建模

　　制造行业中，机器故障往往对系统产能有重要影响，因此往往需要对故障建模。本例假设两个检验台会发生故障，进行故障建模的步骤如下：

　　（1）在 Tester 属性窗体的 Breakdowns 页，选择按钮 Add→Add New MTBF MTTR 菜单命令增加一个故障对象 MTBFMTTR1。按照图 2-20 设置好第一次故障时间 First Failure Time、故障间隔时间 MTBF（上次故障结束到下次故障开始的时间）、维修时间 MTTR（故障发生后维修需要的时间）。

　　（2）在为 Tester2 增加故障对象时，如果 Tester2 的故障模式与 Tester 相同，那么可以选择与 Tester 相同的故障对象 MTBFMTTR1。如果 Tester2 的故障模式与 Tester 不同，那么可以为 Tester2 建立一个新的故障对象。这里假设它们不同，则为 Tester2 建立一个新的故障对象 MTBFMTTR2，其参数设置如图 2-21 所示。

3. 利用标签 Label 进行优先级建模

　　实际系统中产品（流动实体）可能有许多属性，如规格、重量、等级等，大量处理逻辑都与属性有关，在 Flexsim 中，可以用标签 Label 表示属性。这里假设到达的产品有个优先级属性，优先级取值为 1～4 的离散均匀分布，在队列中，优先级值越大的产品越优先得到后续处

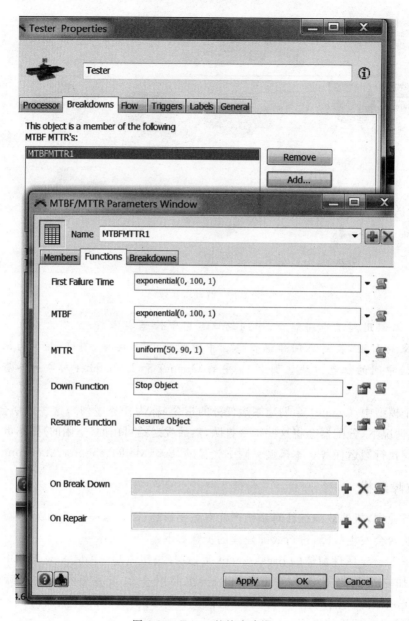

图 2-20　Tester 的故障建模

理,例如,优先级为 4 的产品比优先级为 1 的产品更加优先得到后续处理。模型中,可以在产品生成时在产品上创建 Label 来表示优先级属性,在 Source 的属性窗体按图 2-22 在 OnCreation 触发器加入一个新的代码模板 Create and Initialize Label,为产品创建一个标签,标签名为 priority,取值为 duniform(1,4)。

在 Queue1 属性窗体的 OnEntry 触发器选择 Sort by Expression(按表达式排序)模板,然后按图 2-23 进行设置,表示每当一个产品进入 Queue1 时,Queue1 会将所有产品按照 priority 的值从大到小排序,值大的在前。这样,队列中的产品就会始终保持优先级大的排在前面,从而会被优先处理。

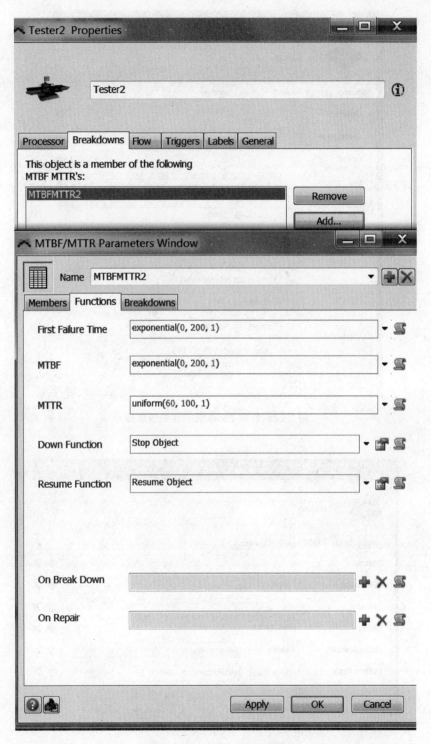

图 2-21　Tester2 的故障建模

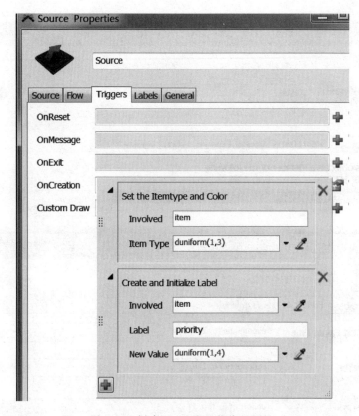

图 2-22　创建 Label 表示优先级属性

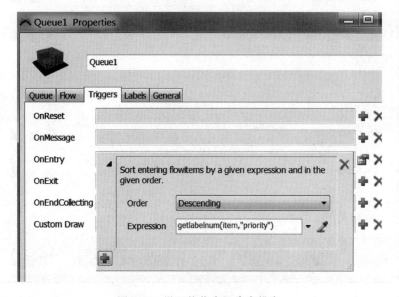

图 2-23　设置按优先级降序排序

2.3　Flexsim 的基本概念

1. 时间单位和长度单位

Flexsim 模型的时间单位、长度单位和流体(体积)单位在建立新模型一开始时就要设定好,一旦设定,在模型中就无法修改。

一旦确定了长度单位,建模人员还应该注意一个网格单位相当于一个长度单位。所谓一个网格单位是指初次打开模型时,所显示的网格的边长(即小方格的边长)。例如若长度单位为米,则网格边长为 1 米。若长度单位为厘米,则网格边长为 1 厘米。这样就可以根据网格来调整对象大小了,当然,最准确的调整对象大小的方法还是在对象属性窗体中进行设置。

2. Flexsim 对象分类

Flexsim 模型由对象构成,原始对象放在对象库(Library)中,建模时将其拖放到模型窗体中构造模型。对象分为固定资源对象(如 Sink、Queue、Processor 等)、移动资源对象(如 Operator、Transporter、Robot 等)和其他对象。

(1) 固定资源对象

固定资源对象是模型中固定不动的实体,可以代表处理流程的步骤,如加工站或存储区域。流动实体在模型中经历这些步骤,某一步被处理完成后,就被发送到下一步,或者说是发送到下一个固定资源。

固定资源对象包括发生器(Source)、队列(Queue)、处理器(Processor)、吸收器(Sink)、合成器(Combiner)、分解器(Separator)、多步处理器(MultiProcessor)、输送机(Conveyor)、分类输送机(MergeSort)、货架(Rack)、储罐(Reservoir)、基本固定资源(BasicFR)、基本输送机(BasicConveyor)等。

(2) 移动资源对象——任务执行器

移动资源对象在 Flexsim 中称为任务执行器(Task Executer),是模型中可移动的资源。它们可以是操作员,用于预置或加工产品,也可以是在各步骤间运输流动实体的运输机。

移动资源对象包括任务执行器(TaskExecuter)(可用来模拟自动导引小车 AGV)、操作员(Operator)、运输机(Transporter)、升降机(Elevator)、机器人(Robot)、起重机(Crane)、堆垛机(ASRSvehicle)、基本任务执行器(BasicTE)等。

(3) 其他对象

Flexsim 中还有一些既不是固定资源也不是移动资源的对象,包括分配器(Dispatcher)、网络节点(NetworkNode)、交通控制器(TrafficControl)、可视化工具(VisualTool)等。

3．流动实体

流动实体(Flowitem)是系统中沿不同路线流动,并在不同地方被加工处理或被服务的对象。Flowitem 可以代表产品、零件、托盘、容器、人、电话呼叫、订单等。Flowitem 通常由 Source 对象生成,经过一系列处理,最终到达 Sink 对象离开系统。在 Source 对象属性窗体的 FlowItem Class 下拉列表框中,可以选择要生成的流动实体类型。原始的流动实体类可以通过工具栏中的 Tools→FlowItem Bin 调出编辑。

4．流动实体类型与标签

Flexsim 中每个流动实体(Flowitem)都有一个内置属性实体类型(Itemtype),可以代表条形码、产品类型或工件号等。实体类型可用于路线选择等决策逻辑。如果要给流动实体增加更多属性,可以在流动实体上增加标签(Label)来定义新属性。

5．Flexsim 控制与编程机制

Flexsim 仿真模型是事件驱动的,即随着模型运行会发生一些事件,触发某些触发器执行,用户在触发器里编写程序代码来响应事件,执行相应控制逻辑。

例如图 2-24 所示为一个 Source 对象的属性窗体,当创建流动实体时,会触发 OnCreation 触发器执行。单击 OnCreation 触发器右边的 ➕ 按钮,可以从弹出的触发器代码模板列表选择和增加代码模板。单击 🖘 按钮可以查看和修改当前选中的代码模板。单击 ✖ 删除当前选择的代码模板。

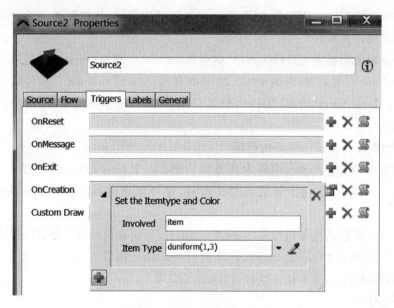

图 2-24　触发器代码模板

单击 🖘 按钮进入代码编辑器,如图 2-25 所示,这里列出了代码模板对应的原始程序,如果要执行复杂的程序控制逻辑,就需要在代码编辑器里编写程序。代码中那些带 * 号的内容有的是程序注释,有的是模板标记文本(供提示用)。

```
Source2 - OnCreation
1  treenode item = parnode(1);
2  treenode current = ownerobject(c);
3  int port = parval(2);
4  { //********I******** PickOption Start ************\\
5  /***popup:SetTypeAndColor*/
6  /**Set Itemtype and Color*/
7  treenode involved = /** \nFlowitem: *//***tag:involved*//**/item/**/;
8  double newtype = /** \nItemtype: *//***tag:type*//**/duniform(1,3)/**/;
9  setitemtype(involved,newtype);
10 colorarray(involved,newtype);
11
12 } //******* PickOption End *******\\
13
```

图 2-25　代码编辑器

如果去除模板标记文本，则代码如下。可以看出，Flexsim 中的各种对象都是 treenode 类型的，在触发器代码开始部分，Flexsim 会自动设置一些参数的值，在该程序中，item 代表刚刚创建的流动实体，current 代表 Source 对象本身。

```
treenode item = parnode(1);
treenode current = ownerobject(c);
int port = parval(2);

treenode involved = item;                    //将 item 的引用赋值给 involved 变量
double newtype = duniform(1,3);              //newtype 变量取得 1,2,3 中的一个数
setitemtype(involved,newtype);              //相当于将 item 的 itemtype 设为 newtype
colorarray(involved,newtype);              //设置 item 的颜色号为 newtype
```

2.4　系统仿真典型性能指标

仿真的目的是要观察系统运行的性能指标，根据指标值判断系统运行状况。以下给出一些典型性能指标，读者应该了解这些常见指标的含义和计算方法，因为多数生产制造系统和物流服务系统都非常重视系统在这些性能指标上的表现。

1. 总产量与产出率

总产量是系统在仿真时段内处理完离开系统的实体总数，一般其值应越大越好。产出率是单位时间的产量。

2. 队列相关的指标

（1）平均排队等待时间

如果用 WQ_i 表示第 i 个实体在队列中的等待时间，且在仿真运行中有 N 辆车离开队列，则平均排队等待时间为

$$\frac{\sum_{i=1}^{N} WQ_i}{N}$$

(2) 最大排队等待时间

它指队列中实体的最长等待时间,这是用来度量最坏排队情况的,一般情况下,这个量越小越好。

(3) 平均队长

平均队长不是简单平均数,而是时间加权平均数,即对各种可能队长值加权平均,其中权重为队长在该值上持续的时间占仿真运行时间的比例。令 $Q(t)$ 为某队列在时刻 t 的队长,图 2-26 为 $Q(t)$ 的曲线,假设总仿真时间 $T=9$,则该图中

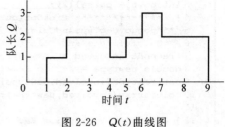

图 2-26　$Q(t)$曲线图

$$平均队长 = 0 \times \frac{1}{9} + 1 \times \frac{1}{9} + 2 \times \frac{2}{9} + 1 \times \frac{1}{9} + 2 \times \frac{1}{9} + 3 \times \frac{1}{9} + 2 \times \frac{2}{9}$$

$$= \frac{0 \times 1 + 1 \times 1 + 2 \times 2 + 1 \times 1 + 2 \times 1 + 3 \times 1 + 2 \times 2}{9} = \frac{15}{9}$$

实际上平均队长就是 $Q(t)$ 曲线下的面积除以仿真时间长度 T,因此也可用积分符号表示为

$$\frac{\int_0^T Q(t)\,\mathrm{d}t}{T}$$

(4) 最大队长

最大队长指队列中曾经出现的最大实体数。

3. 资源的利用率

资源的利用率(utilization)即资源处于忙态的时间占仿真总时间的比例。利用率是很多仿真都会关注的一个指标,利用率过低说明资源能力利用不充分,有浪费。利用率高意味着很少的能力过剩,但也可能会造成阻塞,形成很长的队列,减慢吞吐速度,利用率过高(接近100%)也是瓶颈的表征。

4. 平均周转时间

平均周转时间即流动实体从进入系统到离开系统(或进出某个子系统区域)的平均逗留时间。

5. 平均在制品

平均在制品指系统中流动实体(产品)的平均数目,它是类似平均队长那样的时间加权平均数。

在仿真中尽量多收集观测性能指标可以更加全面地评价系统,但是,大量收集性能指标也会减慢仿真运行速度,因此需要权衡。此外,由于仿真的随机因素,不能仅仅根据一次运行的性能评价系统或进行决策,而应该根据多次重复运行的结果评价系统性能,这属于输出分析的内容,在后面的第 5 章会详细研究这个问题。

2.5 案例：物料搬运系统建模

本节通过一个简单的物料搬运系统案例学习更多的 Flexsim 建模对象和建模操作。本案例将完成建立处理流程、输入数据、查看动画以及分析输出结果等步骤。分三小节建立模型，每一节都是基于上一节内容的，每节操作时间大约需要 40 分钟。

2.5.1 基本模型

本节建立一个处理 3 种不同流动实体类型的简单模型，每种流动实体的路径都不同，还要学习查看反映模型性能的基本统计量。本模型中使用的对象包括发生器、队列、处理器、输送机和吸收器。本模型见附书光盘的"bookModel\chapter2\materialhandle1.fsm"。

1．模型描述

模型 1 研究三种产品进行检验的过程。有三种不同类型的流动实体 Flowitem 按照正态分布时间间隔到达。流动实体的类型在类型 1、2、3 三个类型之间均匀分布。流动实体到达后进入队列等待检验。有三个检验台，一个用于检验类型 1 的产品，另一个检验类型 2，第三个检验类型 3。检验后的流动实体放到输送机上。在输送机终端再被发送到吸收器中离开系统。图 2-27 是系统流程图。

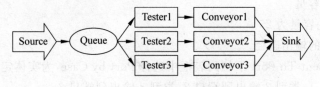

图 2-27 系统流程图

2．模型 1 数据

约定时间单位为秒，长度单位为米。发生器到达产品时间间隔：normal(20，2)秒，即均值 20 秒、标准差 2 秒的正态分布。队列最大容量：25。检验时间：exponential(0，30) 秒，即平均 30 秒的指数分布。输送机速度：1 米/秒。流动实体路径：类型 1 到检验台 1，类型 2 到检验台 2，类型 3 到检验台 3。

3．建模步骤

（1）创建和连接对象

首先新建模型时，将时间单位设为秒，长度单位设为米。本模型使用的对象包括 Source、Queue、Processor、Conveyor 和 Sink。按照图 2-28 创建和连接对象，这里的连接都是"A 连接"，注意 Queue 应该先连到 Processor1，再先连到 Processor2 和先连到 Processor3，按照图图 2-28 命名各对象。

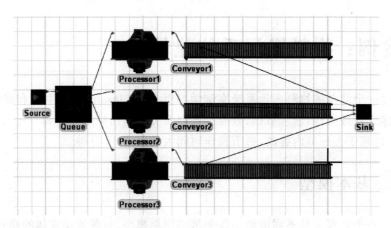

图 2-28　创建和连接对象

创建、连接、命名对象的具体操作方法请参考 2.2 节中的介绍,以后的步骤中涉及的操作方法若未说明也请参考该节的相应介绍。

（2）设置产品到达时间间隔

在 Source 对象的属性窗体设置产品到达时间间隔为 normal(20，2，0),表示产品到达时间间隔为平均 20 秒、标准差为 2 秒的正态分布,采用 0 号随机数流。

（3）设置产品类型和颜色

在 Source 对象的 OnCreate 触发器里,选择代码模板 Set Itemtype and Color,设置流动实体类型为 duniform(1,3)。

（4）设置队列容量

设置 Queue 的容量为 25。

（5）定义队列的输出路径

在 Queue 的 Sent To Port 下拉列表框中选择 Port by Case,为实体定义输出端口,实体类型 1 输出到端口 1,类型 2 输出到端口 2,类型 3 输出到端口 3。

（6）设置处理时间

将三个检验台处理器的处理时间(Process Time)都设为 exponential(0，30，0)。

（7）设置输送机的速度

将各个输送机(Conveyor)的属性窗体中的 Speed 字段设为 1。

（8）查看基本性能统计数据

重置、运行模型,观察模型运行情况(可以通过工具栏速度调节滑块调节运行速度)。可以看出三种颜色(类型)的产品分别进入不同的输送机。在快速属性窗体,可以查看各个对象的简单输出统计数据,如队列的平均队长、机器的利用率等。

2.5.2　添加操作员和运输机

本节在上一节建立的模型基础上,添加操作员和运输机(叉车)。学习修改对象的属性,查看统计图。本模型见附书光盘的"bookModel\chapter2\materialhandle2.fsm"。

1. 模型 2 描述

在模型 2 中,操作员要将产品从缓冲区(用 Queue 表示)搬运到检验台,每个检验台检验产品时需要一个操作员做预置工作(Setup,指换工具、清理等工作)。预置完成以后,就可以进行检验了(此时无须操作员在场)。检验完成后,产品转移到输送机上(无须操作员协助)。当产品到达输送机末端时,就进入一个缓冲区内(ConveyQueue),叉车从这里拣取它并送到吸收器。

观察模型的运行,可能会发现有必要使用多辆叉车。当模型完成后,查看默认统计图研究瓶颈或效率问题。

2. 模型 2 数据

检测器的预置时间:常数值 10 秒。产品搬运:操作员从起始处的队列搬运产品到检验台。叉车从输送机末端的队列运输产品到吸收器。输送机尾端队列:容量=10。

3. 建模步骤

首先打开上一节建立的模型,然后执行如下步骤。

(1) 添加一个分配器和两个操作员

添加了分配器和操作员的模型如图 2-29 所示,按照该图命名各对象。注意,Queue 到 Dispatcher 的连接是"S 连接",Dispatcher 到两个操作员的连接是"A 连接"。

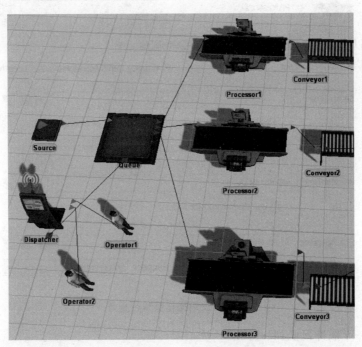

图 2-29 添加一个分配器和两个操作员

(2) 设置 Queue 使用运输(Use Transport)

调出 Queue 属性窗体,在 Flow 页选中 Use Transport。这样,Queue 在发送实体到下游时,就会请求移动资源来搬运而不是直接发送到下游对象。

具体来说,就是 Queue 会为每个流动实体创建搬运命令,这些命令会通过"S 连接"进入分配器,分配器会在内部排队这些搬运命令,并在适当时向移动资源(这里是操作员)分配这些命令,操作员收到搬运命令,就执行该命令。每个搬运命令在 Flexsim 中称为一个任务序列,一个任务序列实际由一组任务构成(如移动到起点对象、装载产品、移动到目的地、卸载产品就构成一个任务序列)。

(3) 运行模型

保存模型,重置、运行模型,观察操作员是否能够搬运产品。可以看到 Operator1 搬运得多一些,这是因为它连到 Dispatcher 的第一个端口,而默认情况下 Dispatcher 会优先将任务序列发送到 1 号端口,只有 Operator1 忙时,才发送到 2 号端口,若两个操作员都忙,则任务序列在 Dispatcher 中排队,直到某个操作员空闲就向他发送任务序列。

(4) 让操作员在检验台执行产品预置(Setup)操作

为了使检验台使用操作员执行预置操作,通过 S 键连接每个检验台到分配器,这样可以让检验台处理器向分配器发送预置任务序列。

双击 Processor1,在属性窗体选中 Use Operator(s) for Setup,将 Setup Time 设为 10,如图 2-30 所示。对 Processor2 和 Processor3 也执行同样的操作。

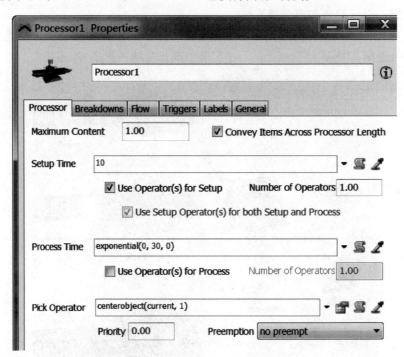

图 2-30　使用操作员执行预置

(5) 添加一个缓冲区队列

现在要在输送机末端放置一个缓冲区队列。首先要断开输送机到吸收器的连接,按住键盘上 Q 键,单击输送机拖动至吸收器(Sink)即可断开连接。将 Sink 向右移动一些,然后从库中拖一个 Queue 放在中间的输送机末端,命名为 ConveyorQueue,设置其容量为 10。

通过 A 键分别连接三个输送机到 ConveyorQueue,再通过 A 键连接 ConveyorQueue 到 Sink。完成后,模型的布局应如图 2-31 所示。

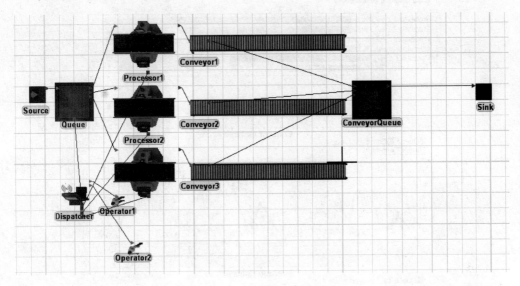

图 2-31　增加缓冲区队列

(6) 添加运输机

现在要添加一个运输机(叉车)将产品从 ConveyorQueue 运到 Sink。可以像前面添加操作员一样,利用分配器和运输机组合来完成任务,即添加一个分配器和一个运输机(Transporter),利用 S 键连接 ConveyorQueue 到分配器,利用 A 键连接分配器到运输机,再设置 ConveyorQueue 为 Use Transport。这种利用分配器和移动资源对象组合的方法是推荐的方法,但是本例不采用这种方法,而采用下面的方法。

在本例中,由于只有一个运输机,无须分配器执行调度逻辑分配任务序列,因此可以不要分配器,直接让 ConveyorQueue 将任务序列发送给运输机。具体操作为:添加一个 Transporter 对象,命名为 Transporter,用 S 键将它连接到 ConveyorQueue,再设置 ConveyorQueue 为 Use Transport。

(7) 更多统计结果

可以使用仪表板(Dashboard)查看对象的更多性能统计结果和统计图,如图 2-32 显示了每个资源的利用率、两个队列的当前队长随时间变化的曲线、两个队列的平均队长随时间变化的曲线。

提示:仪表板的详细操作方法参见 5.6.2 节。图 2-32 的状态条图(State Bar)中,多数状态是自明的,这里解释一下偏移行进(Offset Travel)状态,当任务执行器(移动资源)执行 Travel 任务时,任务执行器的移动是正常的行进(处于 Travel 状态),当执行 Load 和 Unload 任务、Traveltoloc 和 Travelrelative 任务、Pickoffset 和 Placeoffset 任务时,默认情况下任务执行器会移动到目标位置,而且根据执行器的类型不同还会有特殊移动,如运输机提升叉子等,这类移动称为偏移行进(Offset Travel)。这些任务的细节参见 6.4 节和 6.5 节。

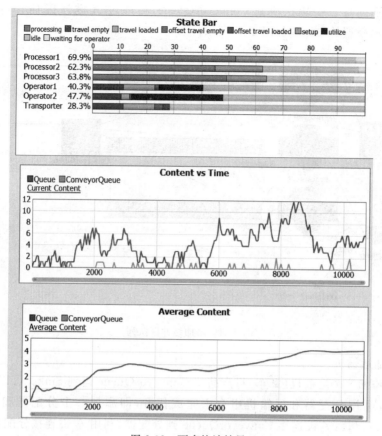

图 2-32　更多统计结果

2.5.3　路径网络建模

本节使用上节的模型,添加货架和路径网络。本模型见附书光盘的"bookModel\chapter2\materialhandle3.fsm"。

1. 模型 3 描述

在模型 3 中,用 3 个货架代替吸收器,用来存储流动实体。要改变输送机 1 和 3 的物理布局,使它们的末端弯曲以接近末端队列。要使得类型 1 的流动实体都送到货架 2,类型 2 的实体都送到货架 3,类型 3 的实体都送到货架 1。

为运输机(叉车)建立路径网络,当它从输送机末端队列往货架运输实体时在此路径网络上移动。最后简单介绍实验管理器的作用。

2. 模型 3 数据

修改输送机 1 和 3 将实体输送到离输送机末端队列更近的位置。使用一个全局表给ConveyorQueue 到货架的流动实体指定如下的路径:

- 实体类型 1 到货架 2

- 实体类型 2 到货架 3
- 实体类型 3 到货架 1

3．建模步骤

（1）设置 Conveyor1 和 Conveyor3 的弯曲段

打开上节完成的模型，要在 Conveyor1 和 Conveyor3 的尾端增加一个弯曲段，弯向 ConveyorQueue，如图 2-33 所示。

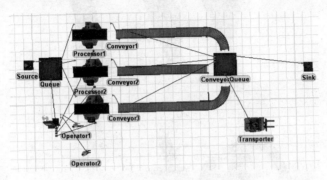

图 2-33　带弯曲段的输送机

双击 Conveyor1，在 Layout 页，单击 ➕ 按钮增加一个分段（section），在类型（Type）下拉列表框中选择弯曲（Curved），角度（Angle）设为－90，半径（Radius）设为 2，如图 2-34 所示，观察效果。双击 Conveyor3 进行类似设置。

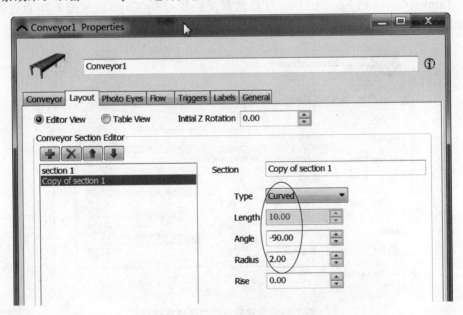

图 2-34　增加弯曲段

（2）添加三个货架

删除 Sink，从对象库中拖放三个货架（Rack）到模型中，分别命名为 Rack1、Rack2、Rack3，将 ConveyorQueue 分别与三个货架连接（A 键），注意，ConveyorQueue 的输出端口 1 连接到货架 1,输出端口 2 连接到货架 2,输出端口 3 连接到货架 3,如图 2-35 所示。

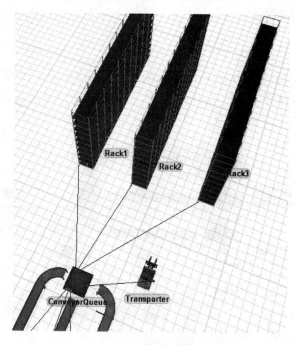

图 2-35　添加货架

（3）设置队列到货架的路径选择规则

在 ConveyQueue 的 Send to Port 字段选择模板 Port By Case,按照图 2-36 设置输出端口选择规则。

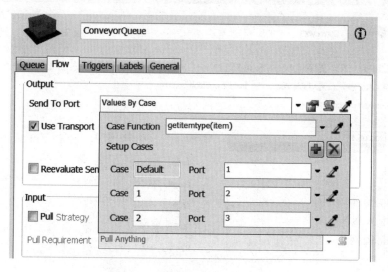

图 2-36　设置输出端口选择规则

（4）重置、运行模型

现在可以重置、保存和运行模型,观察流动实体是否被送到正确的货架上。可以看到运输机有时走到货架里去了,通过建立路径网络可以解决这个问题,路径网络可以形成复杂的路线供运输机使用。

（5）创建路径网络

现在要利用网络节点NetworkNode创建一个路径网络，约束运输机等移动资源只能在路径网络上移动。

从对象库拖拉4个NetworkNode放在ConveyorQueue和每个货架旁边，分别命名为NN1、NN2、NN3和NN4，如图2-37所示，这些节点将成为捡取点和放下点。可以在这些节点之间添加更多节点，但是本例不必这样做。

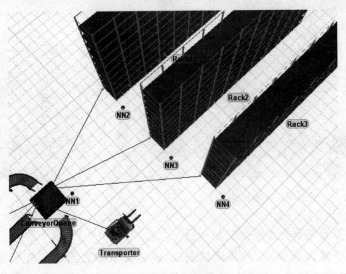

图2-37 网络节点

（6）连接网络

A键分别连接NN1到NN2、NN3和NN4。A键分别连接网络节点到对应对象，即NN1到ConveyorQueue，NN2到Rack1，NN3到Rack2，NN4到Rack3。A键连接NN1到运输机，这样运输机将从NN1进入网络。注意，有些网络节点间的连线可能会与模型网格线重合而看不清，移动一下网络节点就能看见。最终布局如图2-38所示。

（7）重置、运行模型与偏移行进

现在重置、运行模型，观察运输机是否在路径网络上移动。这个网络比较简单，在复杂网络中，运输机在两个节点间沿最短路径行进（系统采用Dijkstra算法来确定网络中任意两点间的最短路径）。

运输机在网络上的行走是正常行进（Travel），而离开网络到目标对象的行进（如从NN1到队列，从NN3到Rack3等）在Flexsim中称为偏移行进（Offset Travel），如要强制运输机不离开路径网络，则要在运输机属性窗体Transporter页选择Do not travel offsets for load/unload tasks选项。

（8）网络路径的设置

网络节点间的路径可以进行一些设置，右击路径上绿色的箭头，会弹出快捷菜单，如图2-39所示，选择Curved选项，路径上会出现两个黑色的曲线控制点（spline control point），拖动它们可以让路径形成不同形状的曲线。选择NonPassing选项，则该方向不允许超车。选择No_Connection选项，则该方向不允许通行。

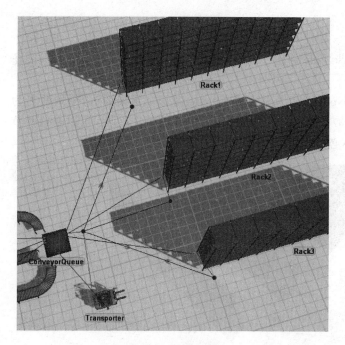

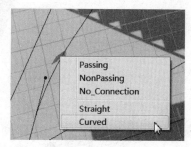

图 2-38　路径网络 　　　　　　　　　　　　　　　　图 2-39　路径设置

（9）使用实验管理器管理模型重复运行

现在可以再一次运行模型,并使用仪表板(Dashboard)查看系统性能指标。由于随机因素的存在,系统仿真输出性能指标的观察不能仅仅依赖一次运行的结果,而应该多次重复运行,计算性能指标的均值。Flexsim 使用实验管理器(Experimenter)来管理多次重复运行。选择菜单命令 Statistics→Experimenter 可以调出实验管理器,如何使用实验管理器执行多次重复运行,可以参考第 5 章。

读者还可以思考,如果要使类型 1 和类型 2 的产品运到 Rack1,类型 3 的产品运到 Rack3,如何修改模型呢?

2.6　案例:物料搬运系统扩展建模

本节通过一个小例子(模型见附书光盘"bookModel\chapter2\morehandle.fsm"),进一步介绍用于建模物料搬运系统的常用对象,包括组合器(Combiner)和分解器(Separator)(装盘、拆盘),分类输送机(MergeSort),堆垛机(ASRSvehicle)的用法。图 2-40 展示了系统结构,一开始组合器 Combiner 从 Sourcepallet 取得托盘,从 Sourcebox 取得产品,将产品装上托盘发送到输送机 Conveyor1,由堆垛机 ASRSvechile 从 Conveyor 取货放上货架 Rack,这就是入库流程。右边是出库流程,堆垛机从货架上取货放到输送机 Conveyor2 上,Conveyor2 把货物传到分类输送机 MergeSort,MergeSort 把货物传给两个分解器(Separator1 和 Separator2),分解器将产品从托盘取出,托盘发到 Queuepallet,产品发到 Queuebox。

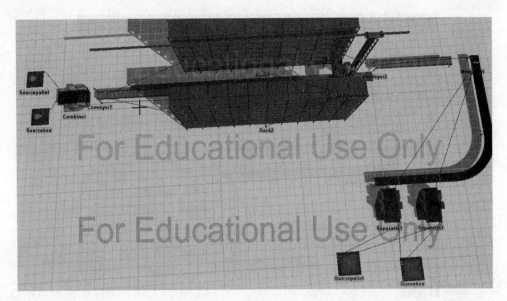

图 2-40　物料搬运系统扩展

　　现在简单介绍这个模型的建模要点：必须将产生托盘的 Sourcepallet 先连接到组合器
Combiner，也就是要连到组合器的 1 号输入端口。
Sourcepallet 的 FlowItem Class 属性设为 Pallet。在组
合器的属性窗体可定义装几个产品到托盘上，如
图 2-41 所示。

图 2-41　定义装盘数量

　　Conveyor1 的 Send To Port 属性设为 Random
Port，表示它将产品随机发送到两个输出端口（从而随
机发送到两个货架）。货架（Rack）有一个属性叫最小
停留时间（Minimum Dwell Time），可以设为 0 或一个
分布函数，表示货物到货架上后最少停留多少时间才
被释放。

　　堆垛机 ASRSVehicle 是一个移动资源，可以像
2.5.2 节的叉车那样连接。注意，这里有三段运输，都
要堆垛机来完成，第一段是 Conveyor1 到两个货架的运输，这一段的起点对象是
Conveyor1，所以 Conveyor1 要设为 Use Transport，并且用"S 连接"连到堆垛机；第二段是
Rack1 到 Conveyor2 的运输，起点对象是 Rack1，所以 Rack1 要设为 Use Transport，并且用
"S 连接"连到堆垛机；第三段是 Rack2 到 Conveyor2 的运输，起点对象是 Rack2，所以
Rack2 要设为 Use Transport，并且用"S 连接"连到堆垛机。

　　分类输送机 MergeSort 含三个输送段（section），其中两段是后来增加的（在图 2-42 中
增加），第一段是直段，第二段弯段，第三段直段，图 2-42 显示了第二段类型为弯的
（Curved），弯角为−90°。

　　分类输送机 MergeSort 有一个输入端口和两个输出端口，这些端口的位置要根据其距
离起点的距离定义好，如图 2-43 所示。

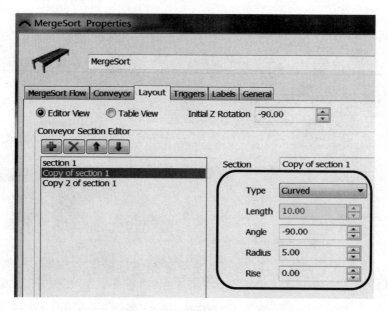

图 2-42　定义分类输送机的输送段

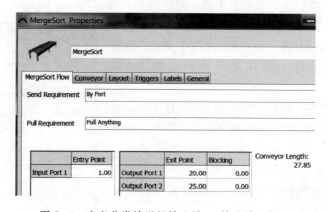

图 2-43　定义分类输送机输入端口、输出端口位置

分类输送机 MergeSort 向两个输出端口发送实体的路径选择规则如图 2-44 所示，这个设置表示，当流动实体移动到输出端口 1 时，系统会执行均匀分布函数 duniform，若返回 1 （表示条件真），则该实体就从 1 号端口出去；若返回 0（表示条件假），则实体不出 1 号端口，而是沿输送机继续移动，移到 2 号输出端口（即默认端口）时，再判断条件（Condition），由于条件为 1（真），故总是会从 2 号端口出去。

这里再解释一下图 2-43 中 Blocking（阻塞）字段的作用，Blocking 可以设置成 0 或 1 值，若设为 0，则表示当产品正经过该输出端口，且按照图 2-44 所设发送规则应该从该端

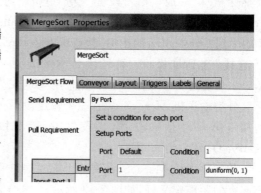

图 2-44　输出端口选择规则

口出去,而此时若该端口下游对象已满,则产品不会出该端口,而是沿着分类输送机继续前进;若设为 1,则产品会停在该端口处,直到该端口对应的下游对象有空间接收它,它再从该端口出去。

分解器(Separator)的设置要点是要先连到托盘队列 Queuepallet(Separator 总是从 1 号输出端口输出托盘容器),再连到产品队列 Queuebox。

2.7　排队系统基础

排队系统是由顾客和服务台组成的系统,它的应用非常广泛,是最基本的建模构造,可以利用一些特征来描述不同的排队系统,并且根据这些特征的不同用不同的符号来表示这些排队系统。

2.7.1　排队系统的特征

1. 拟到达总体

排队系统的关键元素是顾客和服务台。潜在顾客的总体称为拟到达总体,也称为顾客源,可以是有限的,也可能是无限或近似无限的。在拥有大量潜在顾客的系统中,通常假设拟到达总体是无限的。

2. 系统容量

系统容量指系统可以容纳的最大顾客数量,可以是有限的,也可能是无限或近似无限的。对于一个加油站,可能系统只能容纳 10 辆车,当车辆到达发现系统已饱和时,不会进入系统。对一个不限制排队人数的网上门票销售系统,可以认为系统容量是无限的。

3. 顾客到达过程

顾客到达过程一般用到达时间间隔来表征,可分为确定性到达及随机性到达。随机性到达采用概率分布来表征到达时间间隔,如到达时间间隔服从指数分布。另外,顾客可能独自到达,也可能成批到达,每批到达的数目可能固定,也可能随机。

最重要的顾客到达过程称为泊松到达过程,而其中平稳泊松到达过程又是最基础的一种。对平稳泊松到达过程来说,顾客到达速率 λ(单位时间内到达的顾客数,如 10 个/分钟)是恒定的,相应地,顾客到达时间间隔的均值也是恒定的。顾客到达时间间隔服从均值为 $1/\lambda$(如 0.1 分钟)的指数分布。在长度为 t 的时间段中到达的顾客数目 $N(t)$ 服从均值为 λt 的泊松分布。而非平稳泊松到达过程顾客到达速率随时间的不同而不同。

4. 服务时间与服务机制

服务时间指服务台为顾客服务的时间,可以是确定的,也可以是随机的。服务机制指服务台的数量及其连接形式(串联还是并联),顾客是单个还是成批接受服务。

5．排队行为与排队规则

顾客的排队行为可以分为以下几种：

(1) 拒绝进入：顾客到达系统时发现队列过长立即离开(不进入队列)。

(2) 中途离队：顾客排队一段时间后未接受服务中途离开系统。

(3) 换队：顾客排队一段时间后换队(换到较短的队列)。

排队规则描述服务台完成当前的服务后，从队列中选择下一实体的原则，一般有如下几种：FCFS 或 FIFO(先到先服务)，LCFS 或 LIFO(后到先服务)，按优先级别服务，即根据队列中实体的重要程度选择最优先者服务。

2.7.2 排队系统的符号表示

为了区别各种排队系统，人们对不同的排队系统给出了不同的符号表示，其中最著名的是肯道尔(Kendall,1953)提出的一种被广泛采用的排队系统符号表示，完整的排队系统表达方式通常用到 6 个符号并取固定格式：$A/B/C/D/E/F$，各符号的意义如下：

(1) A 表示顾客到达时间间隔分布，常用下列符号。

① M：指数分布

② D：常数

③ E_k：k 阶爱尔朗分布

④ G 或 GI：任何分布，到达过程是独立到达。

(2) B 表示服务时间分布，所用符号与表示顾客到达时间间隔分布相同。

① M：指数分布

② D：常数

③ E_k：k 阶爱尔朗分布

④ G 或 GI：任何分布，到达过程是独立到达。

(3) C 表示服务台个数："1"表示单个服务台，"s"($s>1$)表示多个服务台。

(4) D 表示系统容量，分有限与无限两种。∞表示系统容量无限，此时∞也可省略不写。

(5) E 表示顾客源数目，分有限与无限两种。∞表示顾客源无限，此时∞也可省略不写。

(6) F 表示服务规则，常用下列符号。

① FCFS：表示先到先服务的排队规则

② LCFS：表示后到先服务的排队规则

③ PR：表示优先权服务的排队规则

例如：某排队系统为 $M/M/S/\infty/\infty/FCFS$，则表示顾客到达间隔时间为指数分布(泊松流)，服务时间为指数分布，有多个服务台，系统容量无限，顾客源无限，采用先到先服务规则。

多数情况下，排队问题仅用上述表达形式中的前 3～5 个符号。如不特别说明，则均理解为系统容量无限，顾客源无限，先到先服务。例如 $M/M/1$，代表单服务台系统，顾客到达间隔和服务时间都服从指数分布。

2.7.3　排队系统稳态性能测度

研究排队系统性能测度可以通过仿真的方法，对一些简单的系统，也可以通过解析的方法（即排队论方法）研究。对一个 $M/M/1$ 排队系统，假设顾客到达速率为 λ（单位时间内到达的顾客数，是平均到达间隔时间的倒数），服务台服务速率为 μ（单位时间服务的顾客数），且 $\lambda < \mu$。则该系统长期运行下几个常见稳态性能测度的解析形式如下：

（1）服务台利用率（服务台忙的时间占总运行时间比率）

$$\rho = \frac{\lambda}{\mu}$$

（2）系统中平均顾客数（包含服务台中的顾客）

$$L_s = \frac{\rho}{1 - \rho}$$

（3）队列中平均顾客数

$$L_q = \frac{\rho^2}{1 - \rho}$$

（4）系统中顾客平均逗留时间

$$W_s = \frac{1}{\mu - \lambda}$$

（5）队列中顾客平均逗留时间

$$W_q = \frac{\lambda}{\mu(\mu - \lambda)}$$

读者可以利用仿真模型对以上解析结论进行测试（最好排除预热期数据，参考第 5 章）。排队论对一些较简单的排队系统（如 $M/M/1$ 排队系统）的性能可以给出解析解，但对复杂的排队系统，如多级排队网络系统，要么难以给出解析解，要么解的形式非常复杂，这种情况最好采用仿真模型进行研究。

2.7.4　利特尔法则

关于排队系统有一个简单而重要的法则，即利特尔法则（Little's Law），该法则指出：在稳态系统长期运行中，系统平均顾客数 L 等于平均到达率 λ 与系统平均顾客逗留时间 W 之积，即 $L = \lambda W$，此方程称为守恒方程。利特尔法则适用于复杂的排队系统，也适用于其中的任何一个子系统，例如一个队列或一个服务台，它对系统中的随机分布并无要求。

利特尔法则在运营管理中通常写成另外一种形式，即 $TH = \dfrac{WIP}{CT}$，其中 TH 是生产系统的产出率（单位时间的产量），在稳态系统中，长期看它等于产品到达率；WIP 是平均在制品数量；CT 是产品在系统中平均逗留时间。在实践中，常常利用两个量去推算第三个量，从而对系统总体性能有个估计，例如，工厂知道自己的产出率 TH 和 WIP 后，可以推算产品流程时间 CT，从而有助于制定生产计划。读者可以利用仿真模型对利特尔法则进行验证。

2.8 离散系统仿真模型组成元素

本节介绍离散系统仿真模型的一些基本组成元素(Law,2009；White and Ingalls,2009),理解这些元素的作用对提升建模能力是有帮助的。

1. 实体及其属性

实体是被加工、处理或服务的对象,如顾客、产品、订单等,它们在系统中移动、改变形态、影响其他实体及系统状态,并影响着系统性能。

有时,可以设计一种"虚拟"(或"逻辑")实体,它们不表示任何有形的实物,而是为满足特殊的建模需要。例如,为了定期检查库存,可以设计定期生成一个库存检查实体,一旦产生该实体,就可以触发库存检查活动。这个库存检查实体并无实际对应物,因此,它是一个虚拟的逻辑实体,有时也称控制实体,因为它是为了满足系统的逻辑需求,执行某种控制活动的实体。

当为一个系统建立仿真模型时,首先要搞清楚系统中有哪些类型的实体,然后,想象自己是某个实体,在系统中如何流动,在哪里等待,如何处理,这样的想象对理解系统、促进建模很有帮助。

实体可以附带属性,属性是对实体特性的描述,如产品实体可以具有类型、重量等属性。实体属性可用于路线选择等逻辑控制的目的。

在 Flexsim 中,实体被称为流动实体(Flowitem),它具有一个内置属性实体类型(Itemtype),如果要附加更多属性,可以在实体上设置标签(Label)。

2. 活动

活动是对实体执行的某种操作,它要消耗一定的时间。多数情况下,完成一项活动还需要资源的参与。活动的例子如洗车、加工零件等。从仿真的角度看,我们并不在意活动的具体内容和具体的操作方式,而是关心活动的延时,以及活动需要哪些资源这些共性的东西。Flexsim 中用 Processor 对象表示活动。

3. 资源

资源是对实体进行加工处理时需要的任何事物,如人员、设备或有限的存储区域。当有可用资源时,实体会占用该项资源(可能同时占用多个),并在完成服务后将其释放。最好想象成把资源分配给实体,而不要想象成把实体分派到资源上,因为有时一个实体(例如零件)同时需要多个资源(如人员和机器)为其服务。

在 Flexsim 中,有时可以用 Processor 对象隐性表示资源(如机器),此时资源和活动合为一体。此外,还可以用操作员、运输机等移动资源对象显性建模资源。

4. 队列

当实体需要资源提供服务,而该资源已被占用时,它需要在队列(Queue)中等候。

Flexsim 中队列用对象 Queue 表示。

5. 控制

控制是指仿真模型运行要遵循的各项逻辑规则或者控制规则,如实体应该沿哪条路径移动,队列排队规则是什么,工作计划是什么等。在 Flexsim 中,控制功能主要通过编写触发器程序代码来完成。

6. 全局数据存储

有时,模型需要存取一些全局数据,这些数据可以被模型中所有模块在不同的位置访问(读取或写入),这时必须有一种存储全局数据的机制。全局数据存储可以是全局变量、全局表、外部 Excel 文件或外部数据库,Flexsim 提供所有这些存储机制。

7. 系统变量

要进行仿真实验,考察系统动态,还需要了解三种不同类型的系统变量,分别是输入变量、输出变量和状态变量。

(1) 输入变量

输入变量是系统中不依赖于其他变量的变量,所以又称独立变量,顾客到达时间间隔的均值、某种资源的数量、队列的最大容量等都是输入变量的例子,改变输入变量的取值会影响系统状态和性能。

有些输入变量是不可控制的,如外部顾客的到达时间间隔均值。有些输入变量是可以控制的,如为某种操作分配的操作员数量,这种可控制的输入变量又称为决策变量,因为一组决策变量的取值对应着一个特定决策方案,决策人员希望寻找到最优的决策变量的取值以使得系统性能最优。

在 Flexsim 中,输入变量或决策变量可以是对象对话框中的参数,如 Queue 对象的最大容量、Processor 对象的处理时间等,也可以是对应着全局表中的某个值,还可以是数据库中的某个值。

(2) 输出变量

输出变量,又称响应变量、性能指标,是用来测度系统性能的。例如,一段时间内队列的平均队长、某个资源的利用率、系统服务的顾客总数等都是输出变量的例子。

输出变量依赖于输入变量,即输入变量的不同取值会导致不同的输出变量取值,许多仿真实验的目的就是要寻找最优的输入变量(决策变量)取值,以使得系统的性能(输出变量)达到最佳。

在 Flexsim 中,可以在对象的快速属性窗体查看简单的输出变量(如队列的平均队长),也可以利用仪表板(Dashboard)定义和查看输出变量,还可以利用实验管理器定义和查看感兴趣的输出变量(性能指标)。

(3) 状态变量

状态变量反映某一特定时点的系统状态,如当前队长,机器的当前状态(忙还是闲),系统中当前实体总数等。离散系统仿真的一个重要特点就是其研究的系统的状态变量是随时间离散变化的。所有与研究目的相关的状态变量的集合就构成了整个系统的状态。

在 Flexsim 中,可以在对象的快速属性窗体查看简单的状态变量(如队列的当前队长),也可以利用仪表板(Dashboard)定义和查看状态变量(如当前队长随时间变化的曲线)。

输入变量、状态变量、输出变量的关系是:输入变量的不同取值会导致不同的状态变量取值,进而产生不同的输出变量值(输出变量是通过状态变量计算出来的)。例如,不同顾客到达时间间隔的均值(输入变量)不同,导致不同的队长(状态变量)变化,不同的队长状态变化,又导致不同的平均队长(输出变量)。

2.9 离散系统仿真时间推进机制

离散系统仿真软件要采用某种机制来推进模型的仿真时间向前运行,以便在运行过程中修改系统状态,采集性能统计数据。绝大多数通用离散系统仿真软件采用的时间推进机制是下次事件时间推进(next-event time advance)机制(Law,2009),其控制流程的伪代码如下所示;另外一种不常用的推进机制是固定步长时间推进机制,本书不作介绍。

```
//开始
初始化仿真钟为 0;
初始化系统状态变量和统计计数器;
初始化事件列表;
//While 循环
While (仿真未结束) Do
    设置仿真钟为下次事件时间;
    更新系统状态和统计计数器;
    生成未来事件并加入事件列表;
End While
//仿真结束时生成统计报表
生成统计报表;
//仿真结束
```

在上面的代码中,仿真钟(simulation clock)是一个记录当前仿真时间的变量,与实际时间不同,仿真钟并不是连续推进、均匀取值的,而是从当前事件的发生时间跳跃到下一个事件的发生时间(也就是仿真钟变量的取值是跳跃变化的)。因为相继两个事件之间系统状态没有发生变化,所有也就没有必要让仿真钟遍历这两个事件间的时间。

事件列表(event list)是一个记录事件信息的列表数据结构,它按时间顺序记录了未来要发生的各种事件(包括事件发生时间、事件类型等信息)。

仿真钟和事件列表协同工作,在仿真初始化完成后,会从事件列表中移出顶端记录(即下一个要发生的事件),然后将仿真钟推进到该事件的发生时间(该时间值是事件列表记录的数据项之一),所移出的记录中的信息(包括事件发生时间、事件类型等)则用于处理该事件,如何处理取决于该事件的类型和系统当时所处的状态,但一般来说可以包括更新状态变量和统计累加器、改变实体属性,事件处理完后,生成新事件插入事件列表,开始新一轮循环。

有时,有些事件会同时发生,但仿真软件仍然要为它们的执行安排一个先后顺序,这时,建模人员应该特别注意这种顺序对结果有何影响。仿真软件一般都提供事件查看器查看事件列表信息,可以观察同时发生的事件被安排的顺序。

在现代仿真软件中(包括 Flexsim),事件的生成和管理以及仿真钟的推进都由仿真软件自动完成,用户不必手工处理,这就大大简化了用户的建模工作。

2.10 理解 Flexsim 模型的流程

通过前面模型,大家对 Flexsim 的建模风格有了基本了解,通过观察和学习一些现成的模型,可以更快地掌握 Flexsim 的建模技术。那么,初学者在观察一个现成的模型时,如何快速理解其流程呢?我们建议,先寻找模型中的 Source 对象,然后从 Source 对象开始,观察与跟踪实体创建和流动的过程,沿着实体流动路径一步步跟踪观察实体经过哪些处理,进入哪些队列,这样,就比较容易理解模型的基本流程和逻辑了。对于更加复杂的逻辑,还要查看实体流经的各对象的属性设置和触发器代码。

2.11 习题

1. 时间加权平均数与简单平均数计算方法有何不同?表 2-1 所示为某个输出量在不同时点的取值变化情况,试计算该量的简单平均数和时间加权平均数(设仿真时长为 5s)。

表 2-1 不同时点的取值

时间/s	0	1.5	2	2.4	3
取值	0	2	1	4	2

2. 什么是排队系统?排队系统有哪些方面的特征?

3. $M/M/1$、$M/G/1$、$M/M/s$、$M/G/s/\infty$ 各代表何种排队系统?

4. 离散系统仿真模型的基本组成元素有哪些?

5. 试就单服务台排队系统举出几个输入变量、输出变量和状态变量的例子。

6. 简述"下次事件时间推进机制"的控制流程。

2.12 实验

1. 带返工的产品制造模型

实验目的:学习 Flexsim 基本操作,熟悉其建模环境。

实验内容:

(1) 阅读 2.2 节的内容,按照 2.2 节介绍的建模步骤在 Flexsim 中建立带返工的产品制造模型。

(2) 用 Flexsim 建立一个简单的 $M/M/1$ 模型(注意顾客到达时间间隔均值要大于服务

台处理时间均值,这样才能保证系统可稳态运行),运行模型,然后观察队列平均队长、顾客到达率、队列中顾客平均等待时间是否大致满足利特尔法则。

2．物料搬运系统建模

实验目的:学习更多 Flexsim 建模技术,特别是物料搬运设备建模方法。

实验内容:按照 2.5 节介绍的建模步骤在 Flexsim 中建立带物料搬运系统模型。

3．货物运输建模 1

实验目的:学习移动资源建模。

实验内容:A 处有 100 箱货物,一辆叉车将货物一箱一箱运到 B 处,每次运一箱。叉车在 A 处提一箱的时间服从 5.0～7.0 秒的均匀分布,在 B 处放下一箱的时间服从 3.0～5.0 秒的均匀分布,从 A 运到 B 的距离为 50 米,叉车移动速度为 1 米/秒,运完 100 箱货物仿真结束。建立模型模拟上述过程(建两个模型,一个用分配器(Dispatcher)对象,一个不用 Dispatcher 对象),观察多长时间运完,叉车处于各状态的时间比率各是多少(使用 Dashboard 查看)。提示:

(1) 对各建模对象可在其快速属性页设置 x、y、z 坐标确定其精确位置。

(2) 用 Queue 模拟货物存放地点。

(3) 装载时间和卸载时间在移动资源的 Load Time 和 Unload Time 字段设置。

(4) Queue 中初始化 100 箱货物的方法是使用 Source 对象,在其 Arrival Style 下拉列表框中选择 Arrival Schedule(到达时间表),然后进行必要的其他设置。

(结果模型见附书光盘"bookModel\chapter2\carry1.fsm")

4．货物运输建模 2

实验目的:学习移动资源建模。

实验内容:接上题,若 A 处货物以平均 1 分钟的指数分布时间间隔到达,且要求叉车一次搬运两箱(两箱都到了再装),假设模型运行 1 小时,其他参数同上题。建立并运行该模型,查看 A 处货物排队平均队长和最大队长以及叉车处于各状态的时间比率各是多少。提示:

(1) 注意时间单位的换算;

(2) 注意 Queue 的 Batching 设置(请查阅 Flexsim 用户手册);

(3) 注意移动资源的 Capacity 设置。

(结果模型见附书光盘"bookModel\chapter2\carry.fsm")

5．带返工产品制造系统

实验目的:学习设置实体类型,设置输出路径选择规则。

实验内容:某工厂制造 4 种类型产品,产品随机到达。模型中有 4 台加工机器,每台机器加工一种特定的产品类型。产品完成加工后,必须在一个共享的检验台中检验质量,如果质量合格,就被送到工厂的另一部门,离开仿真模型;如果发现不能修复的完全不合格产品,则送到垃圾站,离开系统;如果检验发现尚能修复的不合格品,则返回第一个缓冲区,进行返工操作。系统结构图如图 2-45 所示。

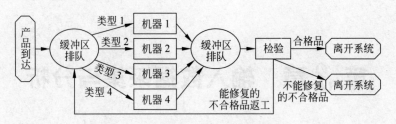

图 2-45　带返工的产品制造系统结构

系统参数如下：产品到达时间间隔服从均值为 5 秒的指数分布（exponential）。到达产品类型服从 1 到 4 的整数均匀分布（duniform）。4 台机器的加工时间都服从均值为 10 秒、标准差为 2 秒的正态（normal）分布。检验时间为常数 4 秒，70％的产品检验合格；10％产品完全不合格，不能修复；20％的产品检验不合格，但尚能修复。两个缓冲区的容量都为10000，仿真时间长度假设为 50000 秒。建立模型，运行模型，回答如下问题：

（1）系统产量是多少？完全不合格品有多少？（提示：用两个 Sink）

（2）两个缓冲区平均队长、平均等待时间各是多少？

（3）所有机器包括检验台的利用率是多少？系统是否存在瓶颈？

（4）再增加一个检验台，产能变为多少？系统是否存在瓶颈？

提示：注意检验台输出端口号与下游对象的对应关系，结果模型见附带光盘"bookModel\chapter2\reworkitem. fsm"和"bookModel\chapter2\reworkitem2. fsm"

第 3 章　输入数据采集与分析

输入数据采集与分析是采集输入随机变量的观察样本值，执行分布拟合，确定其概率分布的过程。本章要用到一些概率统计的基本知识，请参考附录 A。

3.1　分布拟合的过程

离散系统仿真中要使用许多输入变量，有些输入变量是确定型的，只需通过调查获取该变量的固定取值即可用于仿真模型。

但更常见的是许多输入变量是随机变量，如顾客到达时间间隔、机器加工时间、服务时间等，仿真建模的一个重要任务就是确定这些输入随机变量的概率分布，以便在仿真模型中能够使用它们。表 3-1 列出了一些常见的输入随机变量。

表 3-1　常见输入随机变量

系统名称	典型的输入随机变量
排队系统	顾客到达的间隔时间
	顾客被服务的时间
库存系统	每次订货数量
	订货时间间隔
	采购提前期
生产系统	作业到达的间隔时间
	作业的类型
	加工时间

若随机变量只可能取某个区间中特定的值（通常是整数值），则称之为离散随机变量。例如掷骰子出现的点数只能取 1 到 6 之间的整数，呼叫中心某段时间接到的呼叫次数也只能取某区间上的整数。

若随机变量有可能取某个区间中的任何实数值，则称之为连续随机变量。如某段时间内某餐馆顾客到达时间间隔可能取 0 到 100 分钟间的任何值，而不仅仅是某些特定值。

通常要先获取随机变量的一组观察到的样本值，然后利用这组样本按照一定的操作过程，确定随机变量的概率分布，这个过程称为随机变量的分布拟合。分布拟合过程大致包括如下 5 个步骤：

（1）建立概念模型收集原始数据；

（2）数据适用性检验：独立性检验、同质性检验、平稳性检验；

（3）辨识分布类型；

（4）分布参数估计；

（5）拟合优度检验，确定最终分布。

3.1.1　建立概念模型收集原始数据

收集原始数据实际就是要获取各个输入随机变量的观察样本值，如一组顾客到达的时间间隔数据，一系列的机器加工时间数据。每个随机变量收集的观察值应该尽可能超过100 个，最好达到两三百个数据（ExpertFit 用户手册）。

由于多数仿真系统需要收集的数据很多，如果没有一种结构化的数据收集方法指导，非常容易遗漏数据，以下介绍一种结构化的数据收集方法与步骤。首先，开发一个系统的概念模型，可以用实体流程图等图形化工具表示；然后，在实体流程图上，沿着实体流动的路径，用文字或图表描述系统如何运作，同时判断需要收集哪些数据。

1. 开发系统概念模型——实体流程图

收集数据的第一步工作是开发系统的概念模型。概念模型是比仿真模型更加高层的抽象模型，其主要作用是作为仿真技术人员和不懂仿真的用户进行交流的工具，也是未来构建仿真模型的基础。概念模型的表达形式很多，简单的就用文字叙述表达，复杂一点的用流程图等图表表达。这里介绍一种实体流程图表示概念模型，实体流程图描绘了实体在系统中流经的各个地点和流动路线。有了实体流程图，就可以参考该图，顺着实体流动的路径有序地收集相关数据，此外，通过绘制实体流程图也有助于在仿真软件包中开发最终的仿真模型。

实体流程图和一般的处理流程图（process flowchart）是不同的，处理流程图描绘的是一系列互相连接的活动，而实体流程图描绘的是实体流经的地点和路径。实体流程图所用的主要符号如图 3-1 所示。

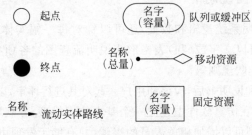

图 3-1　实体流程图符号

图 3-2 展示了某产品加工流程的实体流程图。在该图中，零件（Part）到达后进入一个传输带，然后由一个操作员搬运到一个容量为 10 的缓冲区，再由一个操作员搬运到容量为1 的加工站，加工完的产品（Product）进入下一道工序装进托盘（空托盘由操作员运来），装好的托盘进入容量 50 的托盘存储区，被叉车运走。利用该图，沿着实体流动路径，可以搜集的数据包括产品到达时间间隔，传输带容量、速度和长度等，各个缓冲区容量，加工站的预置

时间、加工时间和故障模式,托盘上放置产品的数量,操作员移动速度、数量等。

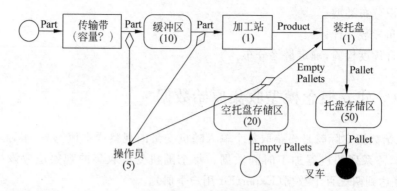

图 3-2 某产品加工流程实体流程图

实体流程图可以很容易地扩展以包含更多信息。此外,如果系统很大、很复杂,也可以针对不同部分或不同流程画出实体流程图,以减少复杂性,而不一定在一张图上画出整个系统的实体流程图。

当然,为了更细致地表达系统逻辑,还可以画处理流程图以补充实体流程图难以表达处理逻辑的缺点。实体流程图特别适于描述排队系统(大多数制造系统、物流系统、服务系统都是排队系统),但不太适于描述库存系统,此类系统通常将产品数量记录在变量或数组中,而不是将产品放在队列中,因此,难以用实体流程图描述,而比较适合用处理流程图描述。处理流程图和实体流程图都是系统的概念模型。图 3-3 是一个简单的订单处理流程图的例子。

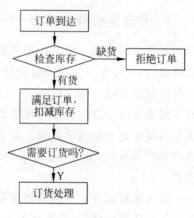

图 3-3 订单处理流程图

实际项目还可能根据情况,补充更多的图表,以便于深入理解系统,比如还经常会画出平面布局图。

2. 开发实体流程图说明书

为了更加细致地说明系统逻辑和数据,还可以针对每一幅实体流程图编制一个该图的流程说明书,该说明书可以文字或(和)表格形式说明流程图的各项参数和复杂的决策逻辑,如路线选择逻辑、复杂排队规则等。

开发好实体流程图和说明书后,应该和用户一起对其进行评审,以判断是否符合实际。然后,就可以基于这些文档在仿真软件中建立一个基本仿真模型,并获取一些初步的统计信息。在项目早期建立仿真模型可以增加相关人员的兴趣,并有助于发现可能遗漏的信息。例如可以通过仿真运行询问用户模型是否考虑了所有移动路线,是否包括了所有类别的实体,等等。

3.1.2 数据适用性检验

收集到数据后,在进行分布拟合前,还要对收集到的数据(如顾客到达时间间隔、机器加工时间等)进行独立性、同质性、平稳性检验,以确定数据是否适用于进一步的分布拟合操作,一般情况下,只有合格数据才能进行下一步分布拟合(Harrell et al,2005)。

1. 独立性检验

独立性检验(test for independence 或 test for randomness),又称随机性检验,是指检查观察到的样本数据之间是否互相独立,即是否互相影响(严格地说,样本是否是来自同一基础分布的独立采样)。如果数据之间没有影响,则称数据是独立的或随机的。

独立性检验常用散点图(scatter plot)、自相关图(autocorrelation plot)等图形化方法进行检验,几种检验都通过才能确认数据独立性。

(1) 散点图

散点图是按照时间排列观察值,在坐标系里绘出所有相邻数据点(X_i, X_{i+1}),$i=1,$ $2, \cdots, n-1$ 的图。若散点图显示某种趋势,则说明数据之间存在依赖性、不独立。若散点图很散乱、无趋势则说明独立。如图 3-4 所示的两幅散点图,左边的图很散乱,说明数据是独立的或随机的,右边的图有明显的直线趋势,说明数据不独立(不随机)。

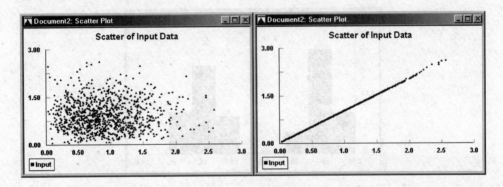

图 3-4　散点图

(2) 自相关图

自相关图是反映数据间相关系数(在 -1 和 1 间取值)的图,若所有相关系数都接近于0,则数据独立(随机);若某些相关系数接近 1 或 -1,则数据存在自相关,不独立(不随机)。图 3-5 中,左边的数据有很强的正相关,说明数据不独立;右边的数据基本不相关,说明数据独立(随机)。相关系数的计算公式如下:

$$\hat{\rho}_j = \sum_{i=1}^{n-j} \frac{(x_i - \bar{x})(x_{i+j} - \bar{x})}{\sigma^2(n-j)}, \quad j = 1, 2, \cdots, n-1$$

其中,σ 是总体标准差,可用样本标准差近似代入;j 称为滞后期。自相关计算要求样本来自平稳过程(Harrell et al,2005)。

2. 同质性检验

同质性检验(test for homogeneity)是检查数据是否服从同一分布。一种检查同质性的方法是观察数据的频率直方图(histogram),如果该图有两个或两个以上的峰值,则认为数据不同质。图 3-6 显示的数据频率直方图说明数据不同质,即数据不是服从同一分布。

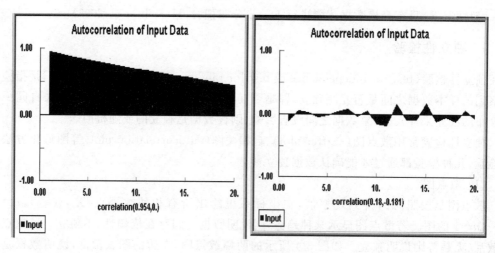

图 3-5　自相关图

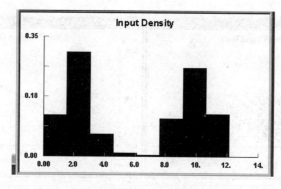

图 3-6　同质性检查

出现数据不同质的原因可能有多种,例如机器加工时间可能随不同类型的加工零件而不同,机器维修时间可能随不同故障类型而不同。这时候,需要把数据按照不同情况进行分解,然后对每一种情况分别进行分布拟合。

3. 平稳性检验

平稳性检验检查数据的分布特别是分布的参数(如均值)是否随时间变化而变化。如果数据的分布随时间变化,则称数据是不平稳的。

例如,顾客到达服务设施(如餐馆)的时间间隔经常是不平稳的,一般该间隔服从指数分布,但往往在一天随时段不同而有高峰和低谷之分,高峰期时间间隔均值偏短,低谷期时间间隔均值偏长。

检查数据平稳性的一种方法是将整个时间划分为若干个时段,然后分别计算各个时段的参数值(如均值),若各时段参数值变化不大,则可以认为数据是平稳的,否则认为数据是不平稳的。对不平稳的数据,要对每一个时段的数据单独进行分布拟合。(注:实际上,平稳性检查应该在独立性检查和同质性检查之前进行。)

3.1.3 辨识分布类型

一旦数据通过了上述检验,就可以进行分布类型辨识了,即判断数据服从哪种类型的分布(这一步骤还仅仅是辨识分布类型,还不能确定分布的参数,只有先确定分布类型,下一步才能够进行参数估计)。

辨识分布类型的方法有多种,本节介绍比较常用的频率直方图法。以下对连续随机变量和离散随机变量分别进行论述。

1. 连续随机变量分布类型辨识

首先,要利用观察到的样本数据画出频率直方图(histogram)。直方图的画法是在坐标轴的横轴上将整个数据范围(最小值到最大值间的范围)划分为 k 个等长区间(进而区间长度也确定了),然后以这些小区间为底边,向上画出一个个矩形,矩形的高度是数据落在该区间的频率,这样就得到了连续数据的频率直方图(Law,2009)。如图 3-7 所示就是一个频率直方图。

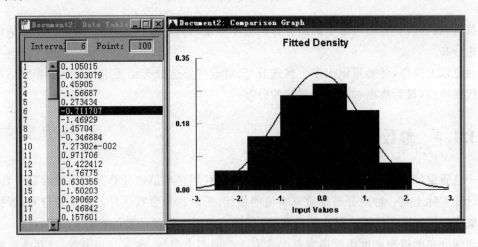

图 3-7 连续数据的频率直方图

然后,观察该直方图外延的形状与哪种理论分布的概率密度函数曲线最相像,进而可以假设数据服从该理论分布。

在以上分析中,区间数目 k 的取值很重要,其原则是使得直方图尽可能平滑,区间数既不要太多而出现许多凹凸不平的毛刺,也不要太少而看不出确切的形状,通常通过试验的方法来寻找最佳的 k 值。还可以用一些经验公式计算 k(Sturges,1926;Scott,1979),但计算结果仅供参考,Sturges 给出的计算公式是

$$k = \lfloor 1 + \log_2 n \rfloor$$

可以以此公式计算的结果作为初始的 k,再根据观察进行调整。由于现代统计软件都允许用户设置不同的 k 以观察直方图效果,所以这种调整是很方便的(如果要手工作图就太麻烦了)。

2．离散随机变量分布类型辨识

对离散数据,也是首先画出频率直方图,但是直方图中每个矩形的底边就代表每一个独立的样本值而不是一个区间,高度是该值发生的频率,如图 3-8 所示。

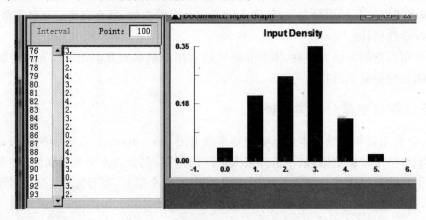

图 3-8　离散数据的频率直方图

然后,观察该直方图与哪个离散分布的概率质量函数图最相像,即可假设数据服从该离散理论分布。

通过以上操作,可能辨识出多个候选分布,对这些候选分布都要进行后续的参数估计和拟合优度检验,最后挑出一个拟合最好的分布。

3.1.4　参数估计

一旦假设好数据的理论分布类型,下面就可以利用样本值来计算该分布的参数了,由于这种计算实际上是一种对分布参数真实值的估计,所以称为参数估计。对连续分布,要估计的是概率密度函数的参数;对离散分布,要估计的是概率质量函数的参数。

连续分布的概率密度函数通常都会含有 1 个或多个参数,称为分布参数,这些参数根据物理和几何特性可以分类为位置(location)参数 λ、尺度(scale)参数 β 和形状(shape)参数 α。位置参数改变时,密度函数曲线会整体沿横轴移动,即改变位置。尺度参数改变时,密度函数曲线会压缩或扩张,即改变尺度但不会改变形状。形状参数改变时,密度函数曲线会改变形状。不同的理论分布所具有的参数数目可能不同。

例如一般情况下(位置参数为 0,省略位置参数),指数分布——记为 $\mathrm{expo}(\beta)$——的密度函数为

$$f(x) = \begin{cases} \dfrac{1}{\beta}\mathrm{e}^{-x/\beta}, & x \geqslant 0 \\ 0, & \text{其他} \end{cases}$$

其参数是 β(均值),确定了该参数,指数分布就完全确定下来了。可以利用极大似然法来估计(计算)该参数,计算得到该参数的估计量就是样本均值。

如果包含位置参数,则指数分布的密度函数完整形式如下:

$$f(x) = \frac{1}{\beta} e^{-(x-\lambda)/\beta}, \quad x \geqslant \lambda, \beta > 0$$

其中,λ 是位置参数,β 是尺度参数(均值),指数分布无形状参数。

有一些分布实际是另外一些分布的特例,如指数分布就是伽马分布(形状参数取 1)、韦布尔分布(形状参数取 1)的特例,expo(β)=gamma(1,β)=Weibull(1,β)。这样在分布拟合时,就可能同样的样本数据和多个分布的拟合效果一样好,这时通常倾向于选择形式简单的分布。关于分布函数的更多详细信息请参考附录 A。

对尺度、形状参数估计的方法最常见的是极大似然估计法(maximum likelihood estimates,MLE),矩估计法(moments estimates)也比较常见,而位置参数往往用特殊的估计法。参数估算的过程比较烦琐,好在不用手工计算参数,而是利用软件来帮助我们自动计算参数。

3.1.5 拟合优度检验

参数估计出来以后,数据的分布就完全确定了。但是,在使用该分布前,还需要通过计算一些指标(即检验统计量)来检验该理论分布与样本数据拟合得是否足够好,如果拟合效果不够好,则不能认为数据服从该理论分布;否则,就不能拒绝该分布。这称为拟合优度检验(goodness of fit test)。

拟合优度检验的思想可以这样理解:首先根据样本数据和拟合的分布计算某个检验统计量,该统计量可以抽象地理解为样本数据(严格说是样本分布)距离拟合的分布的差异,也即偏移距离(不同的检验统计量表示的偏移距离的形式是不同的)。然后,确定一个偏移距离的关键值(临界值),若检验统计量大于关键值(偏移距离过大),则认为拟合效果不好;反之,若检验统计量小于关键值(偏移距离较小),则认为拟合得好。拟合优度检验的步骤如下:

(1)假设随机变量服从选定的理论分布(这称为原假设 H_0,对应的备择假设 H_1 为随机变量不服从选定的理论分布)。

(2)利用样本数据计算检验统计量。在拟合优度检验中,常采用以下几种常见的检验统计量。

① 卡方检验

应用最广泛的检验是卡方检验,其要计算的统计量是 χ^2 统计量。卡方检验适用于所有连续和离散分布,它要求样本数据量要多一些。卡方检验本质上是比较样本数据的频率直方图与拟合的分布的概率密度函数或概率质量函数的差异,这个差异用 χ^2 统计量表示,若差异太大,则拒绝原假设。

② K-S 检验

K-S 检验即 Kolmogorov-Smirnov 检验,它要计算 K-S 统计量。K-S 检验本质上是比较样本数据的经验分布函数与拟合分布的分布函数的差异,这个差异用 K-S 统计量表示,若差异太大,则拒绝原假设。

K-S 检验的适用性不如卡方检验广泛,在不同的分布拟合软件实现中,其适用性可能也不同,故需要参考相关软件手册判断其适用性。例如,在 ExpertFit 软件中,其手册声明其

K-S 检验仅适用于某些连续分布,不适用于离散分布。

③ A-D 检验

A-D 检验即 Anderson-Darling 检验,它要计算 A-D 统计量。A-D 检验本质上也是比较样本数据的经验分布函数与拟合分布的分布函数的差异,但是,它对分布函数尾部的差异赋予更大的权重(由于许多分布函数的差异主要体现在尾部),这个差异用 A-D 统计量表示,若差异太大,则拒绝原假设。A-D 检验仅适用于连续分布,具体适用哪些连续分布也要参考软件手册。

(3) 确定一个显著性水平 α,一般取 0.05 或 0.1。α 是犯弃真错误的概率,即原假设为真却被拒绝的概率。在样本数固定的情况下,α 越小则犯取伪错误(原假设为假却被接受为真)的概率越大。

(4) 将计算的检验统计量与显著性水平 α 下的对应的关键值(由软件自动给出)比较,若小于关键值则不拒绝原假设,若大于关键值,则拒绝原假设。通常,应该多种检验都通过。要注意的是,显著性水平 α 越大,则关键值越小,这就是说,如果在一个较大的显著性水平下不拒绝原假设(即检验统计量小于关键值),那么在较小的显著性水平下肯定也不拒绝。反之,若在一个较小的显著性水平下不拒绝原假设,则在较大的显著性水平下未必也不拒绝。

若多个分布都通过了拟合优度检验,可以对每种检验计算一个 P 值(P-value,在 0~1 之间),对同一检验,P 值越大的分布函数拟和越好,因此建议选择 P 值最大的分布函数作为最终的结果(但这不是绝对的,有时,不同检验的 P 值并不一致,这时就要根据经验和其他因素判断哪个更好。同时,P 值一般应该大于 0.05,否则就要考虑经验分布了)。P 值实际是拒绝原假设的最小的显著性水平。

通常,以上所有检验统计量和 P 值都可以利用软件来自动计算(但是 Flexsim 软件附带的 ExpertFit 不能计算 P 值),并且,统计软件还能够自动计算关键值,并给出是否拒绝原假设的结论。

3.2　经验分布

前述分布拟合的过程是将数据拟合成某种理论分布(一般情况下,理论分布的概率质量函数或概率密度函数能够用数学公式表达)。但是实际观察中,有些数据没有合适的理论分布能够很好地拟合,这时,可以直接用观察到的数据以及每个数据占全部数据的比例来定义一个分布,这种分布称为经验分布(empirical distribution)。经验分布可以用"值(区间)/概率"对的形式表达。

对离散随机变量的经验分布,可以用"值/概率"对的形式表达。例如,表 3-2 所示为某系统中每份订单订购的产品数量的经验分布表,其中第一列是产品数量,第二列是根据样本计算的该数量发生的频率。

对连续随机变量的经验分布,可以用"区间/概率"对的形式表达经验分布,例如,表 3-3 所示为某系统中机器加工时间的经验分布表。

表 3-2　离散经验分布	
每份订单产品数量	概率(频率)
3	0.1
5	0.6
8	0.3

表 3-3　连续经验分布	
加工时间	概率(频率)
(0, 0.5]	0.2
(0.5, 1]	0.3
(1, 1.5]	0.5

3.3　使用 ExpertFit 软件进行分布拟合

前面介绍了分布拟合的步骤和原理,其中涉及许多作图和计算,如果手工处理,会非常烦琐。好在现在市场上有许多具有分布拟合功能的软件,大大方便了分布拟合操作,此类软件常见的有 ExpertFit、Stat∷Fit、BestFit 和 EasyFit 等。

ExpertFit 是一款专用的统计拟合软件,许多仿真软件都含有该软件作为统计拟合工具,Flexsim 也含有该软件,在 Flexsim 中通过菜单命令 Statistics→ExpertFit 访问该软件(Flexsim 评估版用户可以从网站 http://www.averill-law.com 下载 ExpertFit 试用版)。使用它可以非常方便快速地执行上述的分布拟合过程,将人们从烦琐的手工计算中解放出来。

以下介绍如何使用 ExpertFit 根据样本数据进行随机变量的分布拟合。将按照连续随机变量的理论分布、离散随机变量的理论分布、连续随机变量的经验分布、离散随机变量的经验分布分别阐述。本书只介绍基本的操作过程,关于 ExpertFit 更详细的功能介绍,请参考其联机帮助。

3.3.1　理论分布拟合——连续随机变量

在 ExpertFit 中对连续随机变量进行理论分布拟合的步骤如下:

1. 建立项目和项目元素

运行 ExpertFit,选择菜单命令 File→New Project,可以新建一个项目(这里项目文件名称取 Project1.efp),在项目窗口单击 New... 按钮向项目中添加一个项目元素(Project Element),本例给该项目元素起的名字是 myfit1,结果如图 3-9 所示。ExpertFit 中一个项目可以包含多个项目元素,一个项目元素包含对一个随机变量样本值的分析和拟合内容。如果要拟合多个输入随机变量,可以在一个项目中建立多个项目元素。

2. 输入原始数据

通常,收集的原始观测数据都是存放在 Excel 文件中的,本例的原始数据在附书光盘的"bookModel\chapter3\分布拟合数据.xls"文件中的 A 列,代表某项服务的服务时间,要将这些数据复制到 ExpertFit 中才可以进行分布拟合(注:原始数据应该尽可能超过 100 个,最好达到两三百个数据。当输入数据是实数时,ExpertFit 将拟合连续分布;是整数时,将拟合离散分布)。

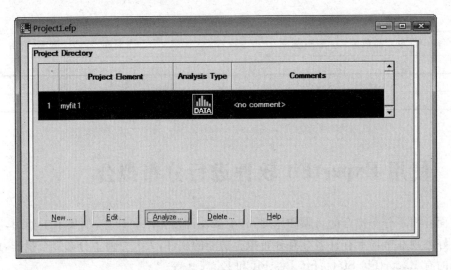

图 3-9　建立项目和项目元素

首先打开该 Excel 文件,复制 A 列的全部数据(共有 450 个数据)到剪贴板,然后在图 3-9 所示界面中单击 Analyze ... 按钮,进入数据分析(Data Analysis)窗体,按照图 3-10 中的数字序号所示步骤操作。

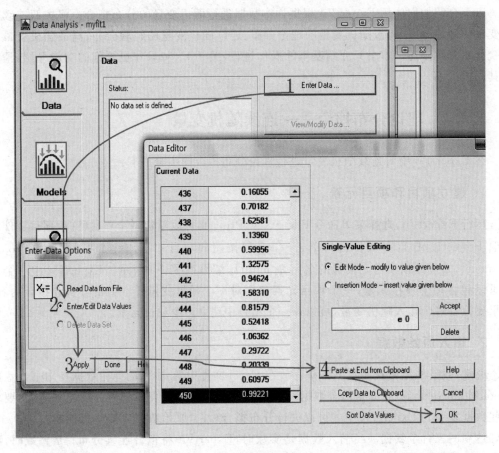

图 3-10　从 Excel 复制数据到 ExpertFit 中

3. 数据适用性检验

（1）独立性检验

按照图 3-11 中数字序号所示步骤操作，可以调出散点图（Scatter Plot），观察散点图，可以看到数据点散乱无趋势，故判断数据独立。

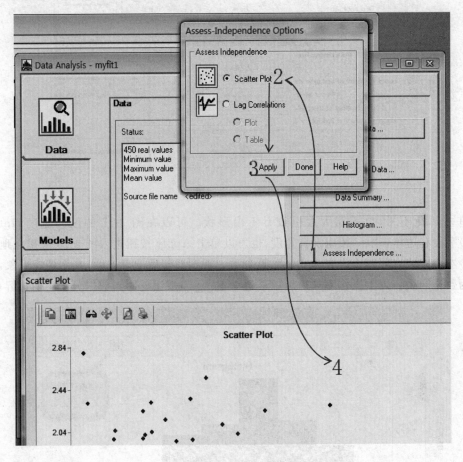

图 3-11　散点图

在图 3-11 中的第 2 步，选择 Lag Correlations（滞后相关图，即自相关图），可以调出自相关图，可以看到相关系数在 0 附近波动，可以认为数据独立，无相关性。

（2）同质性检验

在图 3-11 中，单击 Histogram... 按钮，可以调出直方图，观察是否有明显的多峰现象，判断数据是否同质。

一般情况下，系统自动构造的直方图可能不是最合适的。因此，通常用户要对默认直方图进行调整。首先讨论直方图第一个区间下端点的设置。如果最小的样本值非常接近 0，那么通常设置下端点为 0，否则，要根据实际情况设置。本例中设置下端点为 0，在前面的图 3-11 中，单击 Histogram... 按钮，则出现图 3-12 所示的直方图设置界面，按照图中数字序号标出的步骤来设置下端点为 0，注意，在步骤 2 处输入 0e0 表示 0 乘以 10 的 0 次方。

设置好直方图下端点后，下一步是设置直方图区间宽度，区间宽度既不能太小以致直方

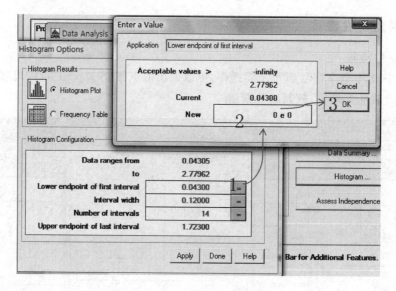

图 3-12 直方图设置

图有许多凹凸不平,也不能太大以致看不出形状。可以在图 3-12 的区间宽度(Interval width)字段右边单击"="按钮设置宽度,也可以单击 Apply 按钮进入图 3-13 可视化地调整宽度。本例中将区间宽度设置为 0.2 比较合适。观察调整后的直方图,并无多峰现象,故可以认为数据同质。以上操作完成后可以通过单击 Done 按钮返回到数据分析主窗体界面。

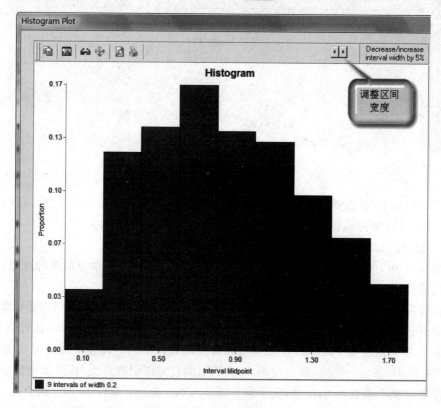

图 3-13 直方图

（3）平稳性检验

ExpertFit 不能自动进行平稳性检验，所以这一步要手工操作，具体方法 3.1.2 节已介绍过了，这里不再复述。实际上，平稳性检验应该在独立性检验和独立性检验之前进行。

4. 执行拟合

在数据分析窗体，选择 Models 页，单击 Automated Fitting ... 按钮，ExpertFit 会自动进行拟合，并弹出图 3-14 所示的拟合结果窗口，图中列出了按拟合相对好坏排序前三位的分布，以及它们的相对得分和分布参数，可以看到拟合最好的是 Beta 分布。下面进行拟合优度检验，以进一步确认是否接受该分布。

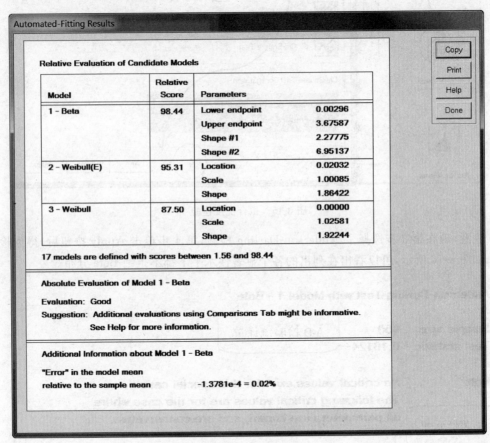

图 3-14　执行拟合

要说明的是，自动拟合（Automated Fitting）不会将无界分布（如正态分布）拟合到非负数据集上，但如果有必要，可以单击 Models 页的 Fit Individual Models ... 按钮来将无界分布拟合到非负数据集上。

5. 拟合优度检验

拟合优度检验的方法是在数据分析窗体选择 Comporisions 页，按照图 3-15 中数字序号所示步骤操作。

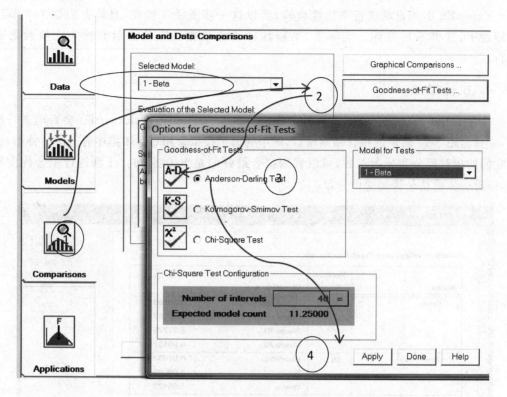

图 3-15 拟合优度检验

注意,现在第 3 步选择了 Anderson-Darling 检验,第 4 步单击 Apply 按钮后,得到检验结果如图 3-16 所示,可以看出在列出的各个显著性水平下都不拒绝 Beta 分布。

Anderson-Darling Test with Model 1 – Beta

Sample size	450
Test statistic	0.16124

A-D 检验统计量

Note: No critical values exist for this special case.
The following critical values are for the case where
all parameters are known, and are conservative.

显著性水平

	Critical Values for Level of Significance (alpha)					
Sample Size	0.250	0.100	0.050	0.025	0.010	0.005
450	1.248	1.933	2.492	3.070	3.857	4.500
Reject?	No					

结论   关键值

图 3-16 Anderson-Darling 检验结果

例如,在显著性水平 0.05 下,检验统计量 0.16124 小于相应的关键值 2.492,故在 0.05 显著性水平下不拒绝原假设。图 3-16 中还有一个注释(Note)声明本检验结果是保守 (conservative)的,意指本检验结果犯弃真错误的概率小于或等于关键值在表中对应的显著性水平(Law,2009)。

在进行了 Anderson-Darling 检验后,还要进行 Kolmogorov-Smirnov 检验和卡方检验 (Chi-Square test),这两个检验可以在图 3-15 的第 3 步设置。一般情况下,三个检验都通过了,则可以接受拟合的分布;否则,就拒绝该分布。

除了上述定量检验外,还可以进行图形化的视觉检验,判断拟合的分布是否拟合良好,在 Comparisions 页单击 Graphical Comparisons ... 按钮后出现图 3-17 所示界面,可以选择几种图形化工具进行比较。图形化比较的思想是通过构造一些图形来比较样本数据和拟合的分布是否吻合。常用图形包括 Density-Histogram 图、Frequency-Comparison 图、Distribution-Function-Differences 图和 P-P 图。如果想进一步了解各种图形化检验技术,可以参考有关文献(Law,2009)。

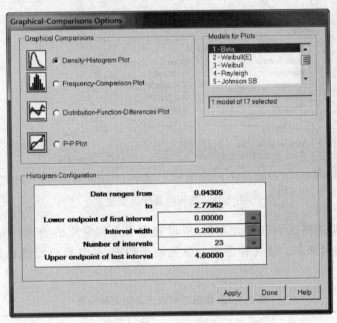

图 3-17　图形化比较

6. 获得仿真软件表达式

在主窗体选择 Application 页,按照图 3-18 操作,即可得到拟合的分布在指定的仿真软件(这里是 Flexsim)中的表达式。

3.3.2　缺乏样本数据的情况

有时,得不到样本数据,如实际系统根本不存在或收集数据成本太高。这时不得不依靠一些假设或猜测,不过,还是有一些有用的建议。

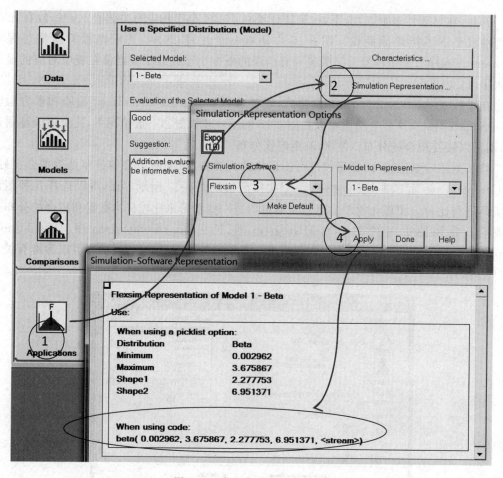

图 3-18　获得仿真软件表达式

当在没有数据的情况下选择分布时,可以先看看几种常用的分布:指数分布、三角分布、正态分布和均匀分布。这几种分布的参数便于理解,并且可以反映比较广泛的数据特征,见表 3-4。

表 3-4　无数据时可以选择的概率分布

分　　布	参　　数	特　　征	可 用 实 例
指数分布	平均值	变化幅度大 左边有界 右边无界	到达时间间隔 机器无故障时间 (故障率为常数)
三角分布	最小值,最可能值,最大值	对称或非对称 两边都有界	活动时间
均匀分布	最小值,最大值	所有数值等可能出现 两边都有界	对过程几乎不了解

如果时间数据的变化是独立的,并且时间数据的波动比较大,则指数分布可能是一个不错的选择。它通常用来表示到达时间间隔,例如顾客进入餐厅的时间间隔,或者卡车到达仓库的时间间隔。

如果时间数据代表活动,而且存在一个"最可能出现"的时间,其他的时间在其上下波动,则通常使用三角分布,因为它可以很好地反映数据小幅度或者大幅度的变化,而且它的参数很容易理解。三角分布的参数有最小值、最可能值以及最大值,这三个参数可以很明了地表达活动时间的变化特征。三角分布的优点是允许数据在众数周围非对称分布,这种情况在实际中很普遍。三角分布也是一个有界分布——没有数据可以小于最小值,也没有数据能大于最大值。

在实践中,许多人喜欢用正态分布,但有时用正态分布并不恰当。正态分布的参数为平均值和标准偏差。正态分布返回的数值在平均值两边对称分布,而且是无界的,这就意味着如果使用正态分布偶尔可能得到一个很小的数,也可能得到一个很大的数,而这些极端值可能不符合实际。当分布所代表的变量不能为负值时(如时间延迟),正态分布可能返回负值,而这也不符合实际。

ExpertFit 对缺乏数据情况下估计任务时间和机器故障时间分布提供了一些支持,详见 ExpertFit 联机帮助。

3.3.3 理论分布拟合——离散随机变量

本节对离散随机变量的观测样本数据进行分布拟合,本例样本数据是某公司每周产品的订购数量,原始数据在附书光盘的"bookModel\chapter3\分布拟合数据. xls"文件的 C 列。在 ExpertFit 中对离散随机变量进行理论分布拟合的步骤如下:

1. 建立项目和项目元素

在 ExpertFit 中打开 3.3.1 节建立的项目文件 Project1. efp(当然,也可以新建一个项目文件),在该项目中新建一个项目元素 myfit2,结果如图 3-19 所示。

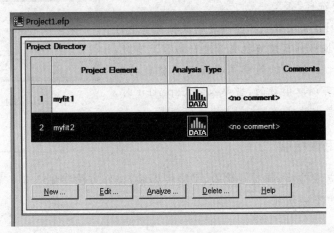

图 3-19 新项目元素

2. 输入原始数据

打开附书光盘的"bookModel\chapter3\分布拟合数据. xls"文件,复制 C 列的全部数据(共有 156 个数据)到剪贴板,再在图 3-19 所示界面单击 Analyze ... 按钮,进入数据分析(Data

Analysis)对话框,然后按照图 3-20 中的数字序号所示步骤操作。

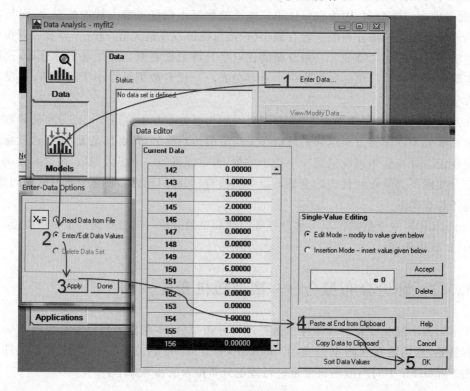

图 3-20　从 Excel 复制数据到 ExpertFit 中

当在图 3-20 中的第 5 步单击 OK 按钮后,会弹出图 3-21 所示提示框,询问数据是否考虑为实数(real value),由于本例数据是离散数据(销量),是整数,故要选择"否"。

提示:ExpertFit 将实数数据当作连续随机变量进行拟合,而将整数数据当作离散随机变量进行拟合。有时,收集的原始数据比如加工时间都是被圆整为整数的数据,而其本质上是可以取小数的,当导入到 ExpertFit 时,就要选"是"将其考虑为实数,对应连续随机变量。

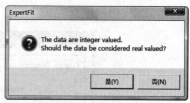

图 3-21　询问数据类型

3. 数据适用性检验

进行数据独立性检验、同质性检验、平稳性检验,操作方法参见 3.3.1 节的第 3 步(数据适用性检验),这里不再赘述。

4. 执行拟合

在数据分析窗体,选择 Models 页,单击 [Automated Fitting ...] 按钮,ExpertFit 会自动进行拟合,并弹出图 3-22 所示的拟合结果,列出了按拟合相对好坏排序前三位的分布及其相对得分、参数。可以看到第一个分布几何分布(Geometric 分布)相对得分最高,为 72.22 分,说明 ExpertFit 认为该分布拟合最好。(实际上第二个分布负二项分布得分与几何分布一样,这是因为几何分布是负二项分布的一个特例。)

Relative Evaluation of Candidate Models

Model	Relative Score	Parameters	
1 - Geometric	72.22	Probability	0.34590
2 - Negative Binomial	72.22	Probability	0.34590
		Success	1
3 - Poisson	55.56	Lambda	1.89103

4 models are defined with scores between 0.00 and 72.22

Absolute Evaluation of Model 1 - Geometric

An automated Absolute Evaluation is not available for discrete models.

Additional Information about Model 1 - Geometric

"Error" in the model mean relative to the sample mean	0

图 3-22　执行拟合

5．拟合优度检验

在数据分析窗口选择 Comporisions 页，按照图 3-23 中数字序号所示步骤操作，注意对离散数据只提供了卡方检验。

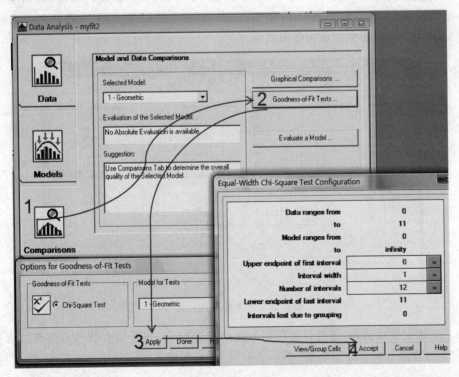

图 3-23　拟合优度检验

在图 3-23 所示界面第 4 步单击 Accept 按钮后,会弹出拟合结果,如图 3-24 所示。可以看出在列出的各个显著性水平下都不拒绝几何分布(通常取显著性水平 0.05 或 0.1)。

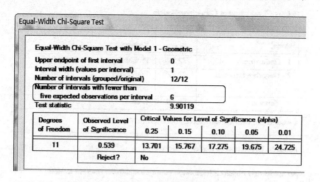

图 3-24 拟合结果

如前所述,卡方检验本质上是比较样本数据的频率直方图与拟合的分布的概率密度函数或概率质量函数的差异,因此,卡方检验要把样本观察值放进若干个区间,而且对等长区间要求每个区间的期望观察值数目都不能少于 5(Law,2009),而图 3-24 中框住的部分声明有 6 个区间的期望观察值数少于 5,因此图 3-24 的检验结果是不可靠的。通过增加样本观察值数目有可能解决此问题,也可以尝试通过合并一些区间解决此问题。以下介绍合并区间的方法。

首先返回到图 3-23 所示界面,单击 View/Group Cells 按钮,进入图 3-25 的界面,每行对应一个区间,带 # 的行都是期望观察值数少于 5 的区间。可以选中第一个带 # 的行,然后单击合并按钮 Merge with Next 将它与下一行合并,如果还有带 # 的行,可重复此操作,直到没有带 # 的行。合并完成后,再返回图 3-23 的界面,单击 Accept 按钮,执行卡方检验即可。这种处理方法也适用于连续随机变量的分布拟合。

Equal-Width Chi-Square Test Cell Management

Cell Structure		Counts			Contribution to Statistic
Contents	Upper Endpoint	Sample	Model (Expected)		
1: 1..1	0	59	53.96009		0.47073
2: 2..2	1	26	35.29540		2.44804
3: 3..3	2	24	23.08679		0.03612
4: 4..4	3	18	15.10112		0.55648
5: 5..5	4	12	9.87767		0.45601
6: 6..6	5	5	6.46100		0.33037
7: 7..7	6	4	4.22616	#	0.01210
8: 8..8	7	3	2.76434	#	0.02009
9: 9..9	8	0	1.80816	#	1.80816
10: 10..10	9	3	1.18272	#	2.79230
11: 11..11	10	0	0.77362	#	0.77362
12: 12..12	infinity	2	1.46293	#	0.19717

图 3-25 卡方检验区间管理

除了上述定量检验外,还可以进行图形化的视觉检验,判断拟合的分布是否拟合良好,在图 3-23 的数据分析窗口中单击 Graphical Comparisons ... 按钮即可进入图形检验程序,具体操作不再赘述。

3.3.4　经验分布拟合——连续随机变量

如果理论分布无法很好地拟合数据,例如在 ExpertFit 中进行理论分布拟合时拟合优度检验没有通过,那么就要使用经验分布来拟合数据。在 ExpertFit 中对连续随机变量进行经验分布拟合的步骤如下:

1．输入原始数据

首先在 ExpertFit 中新建一个项目元素 myfit3,按照 3.3.1 节介绍的方法将附书光盘的"bookModel\chapter3\分布拟合数据. xls"文件的 E 列的数据导入到项目元素 myfit3 中,这些数据代表某机器的维修时间(分钟),这些数据形式上是整数,这是因为企业记录数据时往往对其进行了圆整,实际维修时间是实数类型(即可以是小数)。因此,在类似图 3-20 的导入数据界面中单击 OK 按钮时,会弹出图 3-26 所示提示框,询问是否将整数转为实数,这里选择"是",这样,ExpertFit 将拟合连续分布。

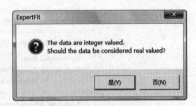

图 3-26　是否转为实数

2．数据适用性检验

进行数据独立性、同质性、平稳性检验,操作方法参见 3.3.1 节中的第 3 步(数据适用性检验),这里不再赘述。

3．执行自动拟合(拟合理论分布)

在数据分析窗体主界面 Model 页单击 Automated Fitting ... 按钮,得到自动拟合结果如图 3-27 所示,其中列出了三个拟合较好的分布。

4．拟合优度检验

对拟合的三个候选分布执行三种拟合优度检验(卡方检验、K-S 检验、A-D 检验),发现全部拒绝(至少在 0.1 和 0.05 两个显著性水平下,全部拒绝),这说明这三个理论分布都不能很好地拟合样本数据。因此需要采用经验分布来拟合。

5．拟合经验分布

在数据分析窗体按照图 3-28 中数字序号所示步骤操作,进行拟合。其中第 3 步可以选择基于直方图区间 Histogram Intervals 的拟合方法(本例就是选择 Histogram Intervals),按照这种方式构造经验分布的思想是将样本数据范围划分为 k 个等宽区间(k 值在图 3-28 的第 4 步设置),每个区间左边封闭,右边开放,但第 k 个区间是两端封闭的闭区间。假设第 j 个区间是 $[x_{j-1}, x_j)$,$j = 1, 2, \cdots, k-1$,第 k 个区间是 $[x_{k-1}, x_k]$,n_j 是第 j 个区间中的样本数。则(累积)经验分布函数曲线是这样构造的:在 x_0 处等于 0;在 x_j 处等于 $(n_1 + n_2 + \cdots + n_j)/n$,$j = 1, 2, \cdots, k-1$;在 x_k 处等于 1。然后将这些相继的点用直线连接起来,就形成了所需的经验分布函数曲线。最终的经验分布可以用 k 个"区间/概率"对表示。

Relative Evaluation of Candidate Models

Model	Relative Score	Parameters	
1 – Pearson Type V(E)	96.00	Location	0.79523
		Scale	42.43776
		Shape	2.20133
2 – Pearson Type V	93.00	Location	0.00000
		Scale	48.66264
		Shape	2.37876
3 – Pearson Type VI(E)	89.00	Location	0.90057
		Scale	3.94590
		Shape #1	13.48688
		Shape #2	2.57517

26 models are defined with scores between 0.00 and 96.00

Absolute Evaluation of Model 1 - Pearson Type V(E)

Evaluation: Bad

Suggestion: Use an empirical distribution.
See Help for more information.

Additional Information about Model 1 - Pearson Type V(E)

"Error" in the model mean
relative to the sample mean $\qquad$ -2.28071 = 6.74%

图 3-27　拟合结果

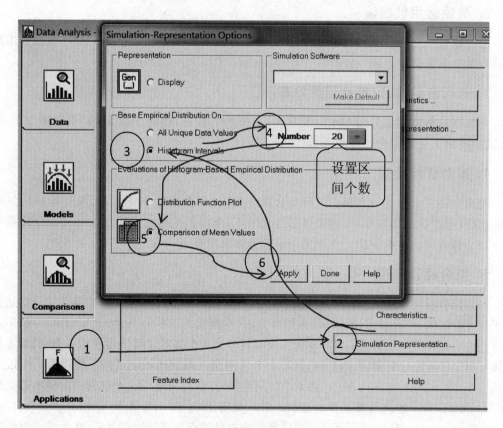

图 3-28　执行拟合

选择基于直方图区间(Histogram Intervals)的拟合方法,首先要调整区间个数(如果选择基于 All Unique Data Values,则无须设置区间个数)以尽可能缩小拟合误差(拟合分布的均值与样本均值的差异)。设置区间个数时要试验几次,使得拟合的误差尽可能小,如何试验呢? 首先设置一个值,比如 20,然后在第 5 步选择比较均值(Comparison of Mean Values),再单击第 6 步的 Apply 按钮,会出现图 3-29,这里可以看到两种拟合方法(All Unique Data Values 法和 Histogram Intervals 法)下样本均值和拟合的经验分布均值的误差百分比,由于本例选择了基于 Histogram Intervals 的拟合方法,所以应该使得该方法对应的误差百分比尽可能小(这里是 1.67%),如果过大,就应该返回去修改区间个数。

Comparison of Mean Values

Errors relative to the sample mean 33.84028:

误差百分比

Empirical Using	Mean	Error	Percent Error
Unique Data Values	31.79965	-2.04063	6.03%
20 Histogram Intervals	34.40625	0.56597	1.67%

图 3-29 均值误差

注:如果选择基于所有唯一数据值(All Unique Data Values)的拟合方法,那么经验分布函数曲线是这样构造的:令 $x_1, x_2, \cdots, x_m$ 是样本中从小到大排列的不相同的值(样本总数为 n,若所有值都不同,则 $m=n$),在 x_i 处的分布函数取值为(小或等于 x_i 的样本数-1)÷ $(n-1)$,把这些相继的点用直线连接起来,就形成了所需的经验分布函数曲线。这种方法产生的经验分布函数更加精确,它会生成 m 个"区间/概率"对表示经验分布,有时 m 过大,可能会超出仿真软件的限制。

6. 得到拟合结果

在图 3-30 中选中按照序号指示的步骤操作,然后单击 Apply 按钮,即可得到拟合结果如图 3-31 所示,该结果说明维修时间在[0,5)的概率为 0,在[5,14)的概率为 11.111%,[14,23)的概率为 39.931%,……

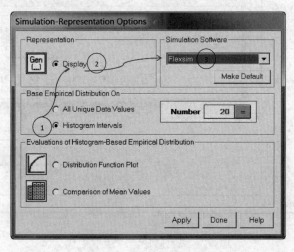

图 3-30 拟合经验分布

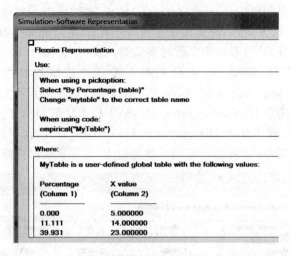

图 3-31 拟合结果

3.3.5 经验分布拟合——离散随机变量

离散随机变量的经验分布拟合就更简单了,在项目元素中输入数据后(必须是整数数据),经过数据适用性检验、自动拟合、拟合优度检验后,若发现没有理论分布能够很好地拟合样本数据,则按图 3-32 中数字序号所示步骤操作即可得到以"值/概率"对表示的经验分布。

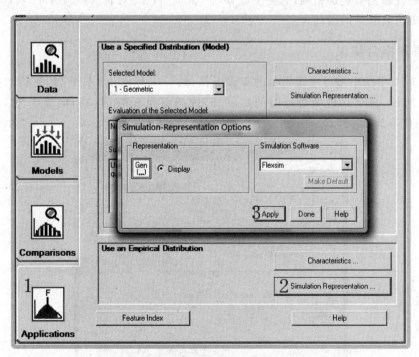

图 3-32 执行离散经验分布拟合

3.4　多变量与相关输入数据

在前面的讨论中，对绝大多数的时间数据，不管它们服从什么分布，都假设它们是独立生成的。在实际系统中有时这种假设并不正确。例如，在某个零件加工模型中，假如某些零件比较复杂，那么对于这些零件的预处理时间就会比较长，而后面紧接着的封装时间也相应地会较长，也就是说这两个时间肯定是相关的，忽视这些关系可能会导致模型无效或者得出有偏差的结果。

有很多建模方法可以考虑这种情况，如估计必要的参数（包括相关度），以及在仿真过程中对随机变量作一些相关性约束。有些方法需要将相关的随机变量组合成随机向量，并采用联合概率分布进行拟合。还可以通过公式来定义输入之间的关联关系，不过，这种方法相对困难一些。读者如果想对这个问题作进一步了解，可以参考有关文献(Law,2009)。

3.5　习题

1. 分布拟合过程包括哪些步骤？
2. 概念模型的表达形式是否是唯一的？其主要作用是什么？
3. 拟合优度检验的基本思想是什么？
4. 拟合优度检验通常有哪几种经验统计量，检验步骤是什么？
5. 病人随机到达医院大门，然后从大门行走到挂号处。在挂号处，病人需要排成一队，等候 5 个挂号员中一个为其提供服务。挂完号后病人行进到候诊大厅，排成一队候诊。在这里由护士每次带一个病人进入 7 个诊疗室中的一个，共有 3 名护士。一旦诊疗室治疗完毕，护士就带下一个病人去。从诊疗室出来的病人自行离开系统。试对此系统建立实体流程图概念模型，并依据概念模型指出可能要采集哪些数据以供仿真模型使用。

3.6　实验

1. 连续随机变量的理论分布拟合

实验目的：掌握使用 ExpertFit 软件进行连续随机变量理论分布拟合的方法。

实验内容：按照 3.3.1 节介绍的步骤完成用 ExpertFit 软件进行连续随机变量理论分布拟合的过程。

2. 离散随机变量的理论分布拟合

实验目的：掌握使用 ExpertFit 软件进行离散随机变量理论分布拟合的方法。

实验内容：按照 3.3.3 节介绍的步骤完成用 ExpertFit 软件进行离散随机变量理论分

布拟合的过程。

3. 经验分布拟合

实验目的：掌握使用 ExpertFit 软件进行经验分布拟合的方法。

实验内容：分别按照 3.3.4 节和 3.3.5 节介绍的步骤完成用 ExpertFit 软件进行连续和离散随机变量经验分布拟合的过程。

第 4 章 随机数和随机变数的生成

4.1 随机数和随机变数

离散随机系统仿真模型中有许多随机因素,在模型运行过程中,需要系统不断地从各种概率分布生成一些随机的数值(通过调用分布函数生成),如一个个顾客到达时间间隔(可能服从指数分布)、一个个机器服务时间(可能服从爱尔朗分布),这些从某种概率分布生成的随机数值称为随机变数(random variates)。

称从区间[0,1]上的均匀分布生成的随机变数为随机数(random numbers)。在仿真软件中,各种不同分布的随机变数都是由随机数经过某种变换得到的,因此,要得到随机变数,首先需要生成[0,1]区间上的均匀分布的随机数。

随机变数和随机数的关系可以通过一个简单的例子说明。考虑一个单服务台排队系统模型,排队时间服从指数分布,服务时间服从爱尔朗分布。假设系统先生成[0,1]区间上均匀分布的一个随机数序列,当仿真模型需要第一个到达时间间隔随机变数时,就从随机数序列取第一个随机数,通过一个变换转换成所需随机变数供给模型,当模型需要下一个随机变数时(可能是服务时间),就从随机数序列里取第二个随机数,再通过一个变换转换成所需随机变数供给模型,这样依次类推,从而产生系统的随机行为。

从上面的描述可以看出,如何生成真正均匀分布的、独立的随机数成为仿真软件的一个重要基础。还需要说明的是,仿真软件生成的随机数序列实际上是利用数学公式递推计算得出的,因此,这些随机数实际上是事先就可以确定的,因而并非是真正随机的,故又称为伪随机数。但是这些伪随机数能够通过各项证明其随机性(即这些数据独立均匀分布)的统计检验,因而可以用于仿真研究。

另外需要说明的是,本书不采用生成随机变量(random variables)的说法,因为它不够严格,随机变量本质上是满足某种条件的函数(Law,2009)。

4.2 随机数生成器

在仿真软件中,采用某种方法来生成[0,1]区间上的均匀分布的随机数的程序称为随机数生成器(random number generator)。不同仿真软件的随机数生成器采用的随机数生成方法可能不同,由于随机数的质量直接关系到仿真结果是否可信,因此,建模人员需要了解仿真软件的随机数生成器是否是高质量的生成器。随机数生成器种类繁多,以下介绍几个仿真软件中比较常见的随机数生成器。

4.2.1 线性同余生成器

当前,许多仿真软件使用的随机数生成器是线性同余生成器(linear congruential generator,LCG),它首先利用如下递推公式生成一系列整数 $Z_1, Z_2, \cdots$:

$$Z_i = (aZ_{i-1} + c) \bmod m \tag{4.1}$$

其中 m 称为模数,a 是乘子,c 是增量,起始值 Z_0 称为该随机数序列的种子(seed)。这些参数都是非负整数,且满足 $0 < m$、a、c 和 Z_0 都小于 m。很明显,$0 \leqslant Z_i \leqslant m-1$。为了得到 $[0,1]$ 区间上的随机数 U_i,可以令 $U_i = Z_i/m$。

观察式(4.1),可以看出,当递推计算得到某个值和以前得到的某个值相等时,则从该处开始生成的数据序列将和前一个相等值处的序列完全一样(从而随机数序列 U_i 也会重复),且这个序列会不断重复。这个被重复的序列称为一个循环,其长度称为随机数生成器的周期。

很明显,线性同余生成器的周期小于余或等于 m,如果周期长度就是 m,则该生成器称为全周期生成器。通过仔细选择参数以获得满足统计要求的周期尽可能长的全周期生成器是生成器设计的主要目标。

在式(4.1)中,若 $c>0$,则又称其为混合线性同余生成器,若 $c=0$,则称其为乘同余生成器。目前使用的大多数线性同余生成器都是乘同余生成器。

4.2.2 素数取模乘同余生成器

乘同余生成器的基本公式如下:

$$Z_i = (aZ_{i-1}) \bmod m \tag{4.2}$$

乘同余生成器不可能是全周期的(Law,2009),但通过仔细选择 m 和 a,可以使得周期达到 $m-1$,只要 m 足够大,那么就几乎是全周期的了。

为了得到具有良好统计特性,且周期很大的乘同余生成器,人们进行了大量研究。其中一种比较常用的乘同余生成器称为素数取模乘同余生成器(prime modulus multiplicative LCG,PMMLCG),在素数取模乘同余生成器中,m 是一个很大的素数,而 a 是满足特定要求的正整数,可以使得循环周期为 $m-1$,且每个循环中 $1, 2, \cdots, m-1$ 这些整数严格地只出现一次。

Law(2009)建议在 PMMLGC 中,取 $m=2^{31}-1$,取 $a=630360016$,这样,周期长度约为 21 亿。在 Flexsim 中,默认的随机数生成器也是这个 PMMLGC。

4.2.3 随机数流

仿真软件中一般会将整个随机数序列分成若干段,例如 10 万个数一段,每段称为一个随机数流(stream),每个流会指定一个编号,如 0 号流、1 号流等。每个流中的数都是根据如式(4.2)那样的公式递推得到(要变换到[0,1]区间),每个流的递推公式初始值,即该随机数流的种子(每个流实际上由该流的种子唯一确定)都是事先设定好的(有时也允许用户自己指定)。当模型需要随机数时,通常要指定流号,以告知系统从哪个流递推计算取得下一个随机数。

例如在 Flexsim 中调用指数分布函数的形式为 exponential (location,scale,stream),其中第三个参数就是指定从哪个流求取下一个随机数(这个随机数还要变换成符合指数分布的形式),如果省略流参数,写成 exponential (location,scale),则默认使用 0 号随机数流。如果仿真模型中全部随机因素都使用一个流,例如 0 号流,那么随着模型的运行,0 号流的随机数有可能会消耗完,这时会侵入下一个流取随机数,以保证随机数不重复。

Flexsim 中系统已初始化了 100 个随机数流(0~99 号)可供直接使用,若用户需要更多随机数流,就需要自己初始化更多的流,详细信息请参考 Flexsim 联机帮助。

有建议说最好为不同的随机因素设置不同的流,比如为顾客到达间隔时间设置流 0,为服务时间设置流 1,这样做的一个目的是希望在比较不同的方案时,有可能提高比较结果的精度,但这并不一定总有效,详细讨论见文献(Law,2009)。

4.2.4　组合多重递推生成器

虽然 PMMLCG 生成器周期长度已经很大了,但是在现代计算环境下仍然显得不够用,因此人们仍然在不断探索周期更长的随机数生成器,其中一个比较著名的生成器是组合多重递推生成器(combined multiple recursive generator,combined MRG),这种生成器实际上是以某种方式组合了多个随机数生成器生成最终的随机数,其周期长度高达 2^{191},这样每个流的长度也可以非常大,非常便于使用。在 Flexsim 5.0 及以上的版本中,也提供了这种生成器。

4.3　随机变数的生成

仿真模型运行过程中需要的是一个个来自不同分布的随机变数(random variates),当它需要一个来自某分布的随机变数时,系统就会调用随机数生成器从指定流中递推计算取得下一个随机数(random number),然后经过某种变换转换成所需的随机变数供给模型使用。

那么,系统是如何将[0,1]区间上均匀分布的随机数转换成不同分布的随机变数的呢?研究人员开发了许多方法来执行这种转换,如逆变换法、卷积法、合成法、取舍法等。这些方法都是标准方法,各种仿真软件实施的差别不大,建模人员无须对其作过多了解,感兴趣的读者可以参考有关文献(班克斯等,2007;Law,2009)。

4.4 习题

1. 解释随机变数和随机数的区别和联系。
2. 什么是随机数生成器？什么是随机数生成器的周期？
3. 什么是随机数序列的种子？
4. 什么是随机数流？什么是随机数流的种子？
5. 什么是线性同余生成器、素数取模乘同余生成器和组合多重递推生成器？

第 5 章 仿真输出分析

5.1 概述

5.1.1 仿真输出分析的含义

仿真输出分析是用适当的统计技术对仿真产生的输出数据进行分析,以测量一个系统的各项性能或比较两个或多个备选系统方案(scenario)的性能。5.1 节~5.4 节讨论单一系统方案的输出分析,5.5 节讨论多系统方案的比较(注:这里讨论的是随机系统仿真)。

单系统方案输出分析的核心目标是通过仿真运行的输出数据计算出感兴趣的系统性能指标(也称输出变量、响应变量,如平均队长、最大队长、平均等待时间、总产量等)的均值及该均值的置信区间。通常,系统性能就是通过相关性能指标的均值及该均值的置信区间来测量和表达的。例如,对一个服务系统,关心顾客队列的平均等待时间、最大等待时间等性能指标,指标的值是随机的(即每次仿真得到的结果不同),如果仅仅运行一次仿真来得到这些指标的值,是缺乏代表性的,因此,可以通过多次仿真得到的输出数据计算出平均等待时间的均值(以及该均值的置信区间)、最大等待时间的均值(以及该均值的置信区间)来表征系统性能,这样才有代表性。

这里读者要注意,我们严格区分性能指标和性能指标的均值这两个术语,性能指标是定义在一次仿真运行之上的,如一次运行的平均队长、最大队长、平均等待时间、吞吐量等;而性能指标的均值是定义在多次仿真运行之上的,是各次仿真得到的性能再总平均,如各次仿真的平均队长总平均后得到平均队长的均值,各次仿真的最大队长总平均后得到最大队长的均值等。

5.1.2 估计性能指标的均值及其置信区间的方法

如何计算性能指标(输出变量)的均值和该均值的置信区间呢?一种常用方法是通过多次独立的仿真实验,获得一组性能指标的样本值,然后利用样本值来计算性能指标的均值和该均值的置信区间。

举个例子,假设 X 是某银行服务系统仿真一天某队列中顾客的平均等候时间,它就是我们关注的性能指标。现在想知道 X 的均值和该均值的置信区间。可以做 n 次独立实验

（每次仿真运行是一次实验，所谓独立，是指每次仿真都用不同的随机数，一般来说，仿真软件的实验管理器可以自动保证各次实验的独立性），假设 X_i 是第 i 次实验 X 的观察值（样本值），即第 i 次实验的顾客平均等待时间，$i=1,2,\cdots,n$。那么，对 X 的均值的估计就是样本均值，其计算公式如下，该公式的计算结果也称为对 X 均值的点估计：

$$\overline{X} = \frac{1}{n}\sum_{i=1}^{n} X_i \tag{5.1}$$

X 的均值的置信度为 $1-\alpha$ 的置信区间的计算方法如下，该区间也称为 X 均值的区间估计。α 是显著性水平，通常取 0.05 或 0.1。

$$\overline{X} \pm t_{n-1,\alpha/2}\,\frac{s}{\sqrt{n}} \tag{5.2}$$

置信区间说明 X 的真实均值以 $100(1-\alpha)\%$ 的可能性落入该区间。$t_{n-1,\alpha/2}$ 的取值可查 t 分布表得到，它实际上是自由度为 $n-1$ 的 t 分布的上 $\alpha/2$ 分位点。上式中的 $t_{n-1,\alpha/2}\,\frac{s}{\sqrt{n}}$ 称为置信区间的半宽，置信区间的半宽实际上是对性能指标均值估计误差（估计值与真实值间的绝对误差）的度量，可以看出实验次数 n 越大，半宽越窄，也就是误差越小，对性能指标估计的精度越高，因此，可以通过提高仿真运行次数来减少估计误差，提升估计的精度。上述公式中的各项数据可以用 Excel 进行计算，其中样本均值用 AVERAGE 函数算。$t_{n-1,\alpha/2}$ 可用函数 TINV$(\alpha,n-1)$ 计算。样本标准差 S 用 STDEV 函数计算。$\sqrt{n}$ 用函数 SQRT(n) 计算。

严格来说，采用上述方式确定置信区间时，要求 X_i 服从正态分布。在实际操作中，若 X_i 是均值或和值，则根据中心极限定理，可以近似认为其服从正态分布，因而可以采用上式计算置信区间。即使 X_i 不是均值或和值，如最大队长，也通常用上式计算置信区间，只不过大家要注意此时该区间是近似的。

上述样本均值实际上是对输出随机变量 X 的参数 $\mu=E(X)$ 的估计，在实际应用中，有时还要对 X 的方差、X 的比例等参数进行估计，这些都属于参数估计问题。在本书附录 A 中的参数估计一节，对参数估计在理论上进行了更加详细的讨论，并给出了常见参数的计算方法。

因此，可以说仿真输出分析的基础工作实际上就是在进行参数估计，即通过样本估计总体 X 的一些参数，如平均队长（总体）的均值（参数）；如果估计出的是一个单个值，则称之为点估计（point estimation）；如果估计出的是一个区间，则称为区间估计，该区间称为置信区间。本章仅研究对总体均值的估计，对比例、方差的估计参看附录。

5.1.3　终止型仿真和非终止型仿真

要正确收集输出样本数据以计算性能指标的均值和该均值的置信区间，需要先判断仿真的类型，不同类型的仿真收集样本数据的方式是不同的。从输出分析的角度，可以把离散仿真分类为两种类型：终止型仿真（terminating simualtion）和非终止型仿真（nonterminating simualtion），这两类仿真收集输出数据进行输出分析的方法是不同的。

终止型仿真运行有一个自然的终止点,自然确定了仿真时间长度,这个自然的终止点可能是:模型达到结束条件,如银行服务系统到达一天的结束时间结束,或者到达结束时间关门然后服务完最后一个顾客结束;调查期间完成,如超市的高峰期结束;完成指定任务,如生产计划完成,修理了指定数目的机器等。

非终止型仿真没有一个自然的终止点确定仿真时间长度。例如如果要研究日夜运作的港口的长期的平均吞吐量,日夜运作的便利店的平均每日服务的顾客数目,那么,这就是非终止型仿真。对非终止型仿真,理论上仿真时间应该无限长,但是实际上还是要由建模人员确定一个仿真时间长度,只不过这个时间必须足够长,以反映系统的长期稳态性能。由于非终止型仿真长期运行后通常都会到达一个平稳的状态即稳态(稳态不是说输出变量不再变化,而是说输出变量的分布基本不再变化),而我们关心的往往是系统的稳态性能,因此非终止型仿真又称稳态仿真(steady state simulation)。

区分终止型仿真和非终止型仿真还和研究目的有关,例如如果要仿真考查日夜运作的港口高峰期(假设每天 16 点到 21 点)的吞吐量,那么高峰期结束就是自然的终止点,因此这是一个终止型仿真。

5.2　终止型仿真输出分析

终止型仿真输出分析的方法称为独立重复法,即独立重复运行多次仿真(每次使用不同的随机数),进行输出数据采样,利用这些样本进行系统性能估计,统计性能指标的均值及该均值的置信区间。

终止型仿真输出由于很少能够达到稳态,因此通常关注系统的总产量、高峰低谷的情况以及发展趋势,而整个运行期间的平均行为往往不太重要。例如餐厅通常关注高峰、低谷期的服务情况,以便确定不同时期的服务员数量。它也关注一天能够服务多少顾客(总产量),但是,服务员一天的平均利用率这样的数据却没有多大价值(你不能因为一天的平均利用率是 40％就要裁减服务员,因为高峰期的平均利用率可能高达 95％)。

进行终止型仿真实验时,要事先明确如下三个方面的设置(这称为终止型仿真三要素):确定系统初始状态,确定仿真运行的终止事件,确定仿真重复运行次数。

5.2.1　确定初始状态

由于终止型仿真的系统初始状态对系统性能有重要的影响,因此,仿真运行时,应该使得初始状态尽可能接近实际。例如,一个银行服务系统在早晨 9 点开门,初始状态可能是顾客队列为空,服务人员都空闲。

但是,并不是所有系统的初始状态都为空和闲,例如,快餐店在进行 11～12 点运作高峰期仿真时,在 11 点初始时排队的顾客数量就不一定为空。一个解决方案是在模型开始运行时,在队列里设置一个接近实际的顾客数目。另一个解决方案是让仿真从 8 点开门时的空且闲的状态开始运行,这样运行到 11 点时,队列里就会自然有一些顾客(即初始状态不为 0),而收集统计数据还是从 11 点开始到 12 点为止(例如,只收集 11 点到 12 点的顾客排队队长数据来计算平均队长,这相当于设置了 3 小时的预热期将系统预热到正常状态再收集数据)。

5.2.2 确定仿真运行的终止事件

终止型仿真都有自然的终止事件,当终止事件发生时,仿真就结束,因此,终止型仿真运行时间长度由终止事件决定。例如,终止事件可能就是简单的仿真运行时间达到 10 小时结束,这时,仿真运行时间长度就是固定的 10 小时。终止事件也可能是生产了 1000 个产品结束,这种情况下每次仿真运行时间长度可能不是固定的,而是随机的。终止事件还可能是仿真运行到 10 小时时不再接受新顾客,但服务完现有顾客结束,这种情况下每次仿真运行时间长度也不是固定的,而是随机的。

5.2.3 确定仿真重复运行次数

要计算性能指标的均值和置信区间,需要对多次重复运行的仿真结果进行平均。这就要回答一个问题,到底需要重复运行多少次?前面已经说过,运行次数与性能估计的误差(即置信区间的半宽)要求有关,运行次数越多,性能指标的置信区间半宽越窄,即误差越小,也就是精度越高。在实践中有些用户并无误差要求,这时建模人员可以根据情况灵活确定运行次数,建议至少运行 25 次。

但是,如果用户对性能估计的误差有要求,那么,确定运行次数的原则是:运行次数要达到使得性能指标置信区间的半宽达到误差要求。

性能估计的误差可以用两种方式表达,一种是绝对误差,用置信区间半宽度量;另一种是相对误差,用置信区间半宽除以性能指标样本均值的绝对值度量。

一旦确定了误差要求,即置信区间的半宽后,如何确定运行次数呢?这里介绍两种实践中的常用方法,即试验法和近似计算法。

1. 试验法

试验法就是主观猜测试验所需的运行次数,直到误差满足要求。例如,先运行 20 次,看看置信区间半宽能否达到要求(即绝对误差或相对误差能否达到要求),如果不能就增加运行次数直到达到精度要求。由于现在的计算机性能非常高,多运行几次花不了多少时间,因此试验法已成为实际操作中比较常用的方法。

2. 近似计算法

计算法就是根据误差要求,利用公式近似计算所需的运行次数。

(1) 根据绝对误差计算仿真重复运行次数

根据文献(Law,2009),假设在 $100(1-\alpha)\%$ 置信度下,要求性能估计的绝对误差不大于 β,则确定运行次数的操作过程是这样的:先初始运行 n_0 次(如 10 次)仿真,利用这 n_0 次得到的输出计算初始样本标准差 s,则仿真运行总次数 n 要满足 $n \geqslant n_0$,并且满足下式:

$$t_{n-1,\alpha/2}\,\frac{s}{\sqrt{n}}\leqslant\beta \tag{5.3}$$

　　观察上式，由于 $t_{n-1,\alpha/2}$ 中含有 n，因此难以直接求出 n，但可以用 Excel 试算出满足该式的 n。这里举个例子说明如何试算，假设有一排队系统仿真，初始运行 $n_0=10$ 次，得到平均队长的初始样本标准差 $s=0.55$，现要求在 90％ 置信度下，平均队长均值的置信区间半宽不得大于 $\beta=0.25$，则仿真重复运行次数应设为多少？求解这个问题可以按照图 5-1 在 Excel 中布置试算表进行计算，在 B1 单元格从 11 开始尝试填入逐

	A	B
1	n	16
2	α	0.1
3	t	=TINV(B2,B1-1)
4	s	0.55
5	β	0.25
6	t*s/sqrt(n)	=B3*B4/SQRT(B1)

图 5-1　根据绝对误差试算运行次数

渐增大的值（即 n），直到 B6 单元格的值$\left(\text{即 }t_{n-1,\alpha/2}\dfrac{s}{\sqrt{n}}\right)$小于或等于 B5 单元格的值（即 β），也就是满足式(5.3)，经过几次尝试，发现 n 取 16 时，满足式(5.3)，故仿真重复运行次数可取 16。需要说明的是，这个计算结果是近似的，有可能经过 16 次仿真运行，仿真输出的置信区间半宽（绝对误差）还是大于 0.25，这时可以将这 16 次运行作为初始运行，得到新的初始 s 填入图 5-1 的 B4 单元格，然后在 B1 单元格从 17 开始逐步增大尝试新的 n，直到满足式(5.3)。这个过程可以重复下去，直到最终绝对误差要求被满足。

　　(2) 根据相对误差计算仿真重复运行次数

　　假设在 $100(1-\alpha)$％ 置信度下，要求性能估计的相对误差不大于 γ，则确定运行次数的操作过程是这样的：先初始运行 n_0 次（如 10 次）仿真，利用这 n_0 次得到的输出计算初始样本标准差 s，则仿真运行总次数 n 要满足 $n\geqslant n_0$，并且满足下式：

$$\frac{t_{n-1,\alpha/2}s}{|\,\overline{X}\,|\,\sqrt{n}}\leqslant\frac{\gamma}{1+\gamma} \tag{5.4}$$

　　可以用 Excel 试算出满足该式的 n。这里举个例子说明如何试算，假设有一排队系统仿真，初始运行 $n_0=10$ 次，得到平均队长的初始样本标准差 $s=0.55$，均值 $|\overline{X}|=2.03$，现要求在 90％ 置信度下，对平均队长均值估计的相对误差不得大于 $\gamma=0.1$，则仿真重复运行次数应设为多少？求解这个问题可以按照图 5-2 在 Excel 中布置试算表进行计算，在 B1 单元格从 11 开始填入逐渐增大的值（即 n），直到 B8 单元格的值$\left(\text{即 }\dfrac{t_{n-1,\alpha/2}s}{|\overline{X}|\sqrt{n}}\right)$小或等于 B7 单元格的值$\left(\text{即 }\dfrac{\gamma}{1+\gamma}\right)$，也就是满足式(5.4)，经过几次尝试，发现 n 取 27 时，满足式(5.4)，故仿真重复运行次数可取 27。如果经过 27 次运行发现相对误差还是大于 0.1，可以将这 27 次运行作为初始运行，得到新的初始 $\overline{X}$ 和 s 值分别填入图 5-2 的 B5 和 B4 单元格，然后在 B1 单元格从 28 开始逐步增大尝试新的 n，直到满足式(5.4)。这个过程可以重复下去，直到最终相对误差要求被满足。

	A	B
1	n	27
2	α	0.1
3	t	=TINV(B2,B1-1)
4	s	0.55
5	xbar	2.03
6	γ	0.1
7	γ/(1+γ)	=B6/(1+B6)
8	t*s/(xbar*sqrt(n))	=B3*B4/(B5*SQRT(B1))

图 5-2　根据相对误差试算运行次数

　　以上图 5-1 和图 5-2 两种试算表见附书光盘的"bookModel\chapter5\根据误差要求试算运行次数.xls"。

　　如果要求相对误差 $\gamma\leqslant0.15$，并且 $n_0\geqslant10$，Law (2009)还推荐了另外一种更加细致的方法，即序贯程序法(seqential procedure)来求仿真重复运行次数，有兴趣的读者可以参考该书。

以上求仿真运行重复次数的近似计算法适用于估计均值型参数的情形,对比例型参数和方差型参数有另外的计算公式,这里不再赘述。

5.3　非终止型仿真输出分析

非终止型仿真没有自然的终止点来确定仿真长度,如果非终止型仿真从空且闲状态开始运行,那么它通常都要从初始的不稳定状态(称为瞬态)运行到稳态。在初始瞬态期间,输出变量的分布是变化的(例如分布的均值在变化),而到达稳态后,输出变量的分布就几乎不变了(注意,分布不变并不意味着输出变量的取值本身不变)。图 5-3 是某生产系统的每日产量的分布变化示意图,可以看出,到了稳态期间,每日产量的分布函数和均值都不变了,视觉上就是在稳态期间每日产量围绕均值平稳波动。

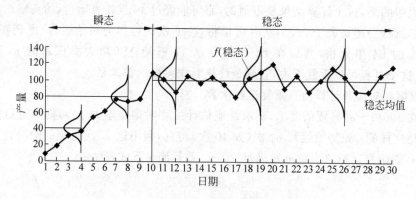

图 5-3　稳态输出:某生产系统的每日产量

将系统运行从开始到稳态的时间段称为预热期(warm-up period),它也就是初始瞬态持续的时间。稳态仿真关注的是长期的稳态性能,因此,在采样统计数据时,要把初始预热期的数据排除掉,只采集稳态期间的数据。

当然,如果能够将仿真的初始状态设置成和稳态近似的状态,而不是简单的空且闲的状态,那么,就不需要设置预热期。

非终止型仿真输出分析的方法有两种,一种称为重复删除法,另一种称为批均值法。

重复删除法就是独立重复运行多次(使用不同的随机数种子)仿真,进行输出数据采样,但每次采样时要去除预热期的数据,然后利用这些样本进行性能估计,统计性能指标的均值及均值的置信区间。

批均值法只运行一次仿真,但时间要特别长。将整个仿真时间长度分成 n 个批次(一般是等长时段),求出每一批次的性能指标值(如平均队长),这样得到 n 个性能指标样本值,利用这些样本即可计算性能指标的均值(如平均队长的均值)和置信区间。(注:前面几批可能要作为预热期数据剔除。)

本书后面只介绍重复删除法,利用重复删除法进行非终止型仿真实验时,要事先明确如下三个方面的设置(这称为非终止型仿真三要素):确定预热期,确定仿真运行时间长度,确定仿真重复运行次数。

5.3.1　确定预热期

由于非终止型仿真通常主要关注的是稳态性能,因此,在每次运行仿真计算性能时(如计算平均队长、平均等待时间等),都应该排除预热期的数据,从稳态开始采集数据。这就面临一个问题,如何确定预热期的长度? 这里简单介绍几种方法。

第一种方法称为直接观察法,它虽然不太准确,但简单实用。操作方法是直接观察性能指标随时间变化的曲线,如观察平均队长随时间变化的曲线,当曲线走平,进入到相对稳定的状态时,预热期就结束了,此时就可估计预热期长度。这里要注意的是我们感兴趣的性能指标可能有多个,因此应该对每个感兴趣的性能指标各运行几次(如 3~5 次)仿真,取最长的预热期作为最终的预热期(班克斯等,2007)。

第二种方法称为经验估计法,它虽然不太准确,但容易操作。即请有经验的用户根据经验判断系统何时会进入稳态,要保证最罕见的事件也发生许多次。例如,要对某企业的一条生产线进行仿真,可以咨询有经验的生产管理人员,若该生产线从空闲开始运行,大约经过多少时间会进入系统平稳运行状态。将直接观察法和用户经验判断相结合就更加准确了。

第三种确定预热期的方法称为跨轮次平均法,这种方法操作复杂一些,但所得的预热期更加准确,这里举例说明其操作过程:

(1) 选择一个性能指标,如平均等待时间;

(2) 将仿真运行时间分成等长的 m 个时间段(如 1h 一段);

(3) 运行 n 次仿真(5~10 次),计算各次运行各时段的平均等待时间;

(4) 将多次仿真相同时段的平均等待时间再进行平均,得到一个平均等待时间均值的时间序列;

(5) 以时段号为横坐标,画出该时间序列的曲线;

(6) 曲线走平的时候就是预热期结束了。

需要说明的是,应该对每个关心的性能指标进行如上操作,取最长的预热期为最终确定的预热期。

其他确定预热期的方法还有 Welch 移动平均法等,这里就不再深入了,感兴趣的读者可以参考相关文献。附书光盘的“bookModel\chapter5\预热期确定.xls”文件有跨轮次平均法和 Welch 移动平均法用法例子供参考。

5.3.2　确定仿真运行时间长度

理论上,非终止型仿真应该执行无限长,但实际操作只需系统运行到稳态后,持续足够长的时间即可,一个经验规则是让稳态时间至少 10 倍于预热期长度(班克斯等,2007)。例如某制造系统预热期估计为 100 分钟,则稳态持续时间可以设为 1000 分钟,总仿真运行时间长度为 1100 分钟。总之,只要时间允许,应该使得运行时间尽可能长一些。

另一个经验规则是稳态持续时间长度需足够让最罕见的事件(指事件间隔时间最长的事件)发生许多次(最好几百次)。

前面几节介绍的对输出变量均值的估计是最常见的估计,在实践中,有时还要求估计输出变量的方差(衡量输出变量的波动性)以及比例等参数,对这两个参数的点估计和区间估计的计算方法参见附录 A.3.2 节。

5.3.3 确定仿真重复运行次数

非终止型仿真重复运行次数的确定方法与终止型仿真重复运行次数的确定方法是一样的,读者可以参考前面终止型仿真重复运行次数的确定方法,包括试验法和近似计算法。

5.4 Flexsim 中的输出分析

前面从理论上介绍了终止型和非终止型仿真输出分析的内容和注意点,本节学习在Flexsim 仿真软件中进行输出分析所需的模块和操作。

5.4.1 终止型仿真的输出分析举例

假设某仓库有两个装卸台,仓库一天工作 8 小时(早晨 9 点到下午 17 点)。卡车按照均值 10 分钟的指数分布到达仓库,排成一队,然后到装卸台进行装卸,装卸时间服从 14 到 20 分钟的均匀分布。早晨仓库开始运营时,仓库外一般已经来了三四辆卡车。现在想知道卡车在队列中的平均等待时间的均值及该均值的置信区间,平均队长的均值及该均值的置信区间。这是一个典型的单队列双服务台系统,而且是终止型的。模型主界面见图 5-4,模型见附书光盘的"bookModel\chapter5\Terminating.fsm"。

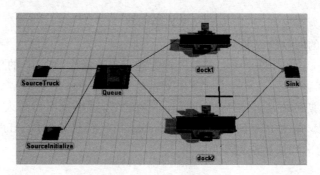

图 5-4　仓库装卸模型

针对该仿真系统的输出分析的步骤如下:

1. 确定仿真初始状态

根据调研,仓库早晨开始工作时,仓库门前的初始车辆数目服从区间 2 到 4 上的离散均匀分布。可以用一个 Source 对象(即图 5-4 的 SourceInitialize 对象)来初始化队列,在时刻 0 生成 3 辆卡车进入队列。调出 SourceInitialize 对象的属性窗体如图 5-5 所示,在步骤 1 处设置到达类型(Arrival Style)为 Arrival Schedule(即按时间表到达),这样默认会生成一个仅有一行的到达时间表,见图 5-5 的步骤 2 处,它表示 SourceInitialize 对象在时间 0 会生成一个流动实体(Quantity 为 1)。

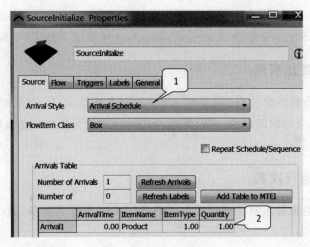

图 5-5　初始化集卡数量

但我们的目标是要在每次运行模型时,将数量 Quantity 设为 2 到 4 间的一个随机数,这就需要写一段代码来设置到达时间表的 Quantity 值。在 SourceInitialize 对象的 OnReset 触发器字段最右边单击按钮 ,进入代码编辑窗口,编写如下代码:

```
treenode current = ownerobject(c);
settablenum(getvarnode(current,"schedule"),1,4,duniform(2,4));
```

上面第二行代码的意思就是将 schedule 表的 1 行 4 列的值设为函数 duniform(2,4)的返回值。这样每次运行模型开始时,OnReset 触发器都会运行,将到达时间表的实体数量设为 2 到 4 间的一个随机数。

2. 定义性能指标

本例有两个性能指标,即队列中的卡车平均等待时间和平均队长,要在 Flexsim 实验管理器中定义它们。选择菜单命令 Statistics→Experimenter 调出 Flexsim 的仿真实验管理器,转到 Performance Measures 页,单击 ➕ 按钮增加一个性能指标,命名为"avgWaitTime",在 Performance Measure 下拉列表框中选择 Statistic by individual object,在弹出模板中 Object 设为 Queue,Statistic 设为 AverageStaytime,如图 5-6 所示,这样就定义好了"平均等待时间"这个指标。

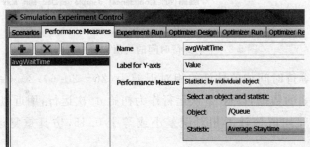

图 5-6　定义平均等待时间

"平均队长"可以同样定义,单击 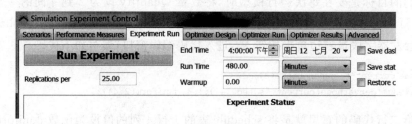 按钮增加一个性能指标,命名为"avgLength",在 Performance Measure 下拉列表框中选择 Statistic by individual object,在弹出模板中 Object 设为 Queue,Statistic 设为 AverageContent,这样就定义好了"平均队长"这个指标。

3. 确定仿真终止事件

该仿真有一个自然的终止点,即仓库一天 8 小时工作结束,故总仿真运行时间长度可以设为 8 小时,为保证全局时间单位一致(假设全局时间单位为分钟),仿真时间长度最终确定为 480 分钟。

4. 确定仿真运行次数

由于用户并无明确提出对性能指标均值的置信区间半宽的要求,这里将仿真运行次数设为 25 次。

在实验管理器的 Experiment Run 页,按照图 5-7 设置仿真实验长度为 480 分钟,每方案重复运行次数 Replications 设为 25。

图 5-7　实验参数设置

5. 查看输出

单击图 5-7 中的 Run Experiment 按钮运行模型,系统会自动重复运行 25 次。运行结束后,单击 View Results 按钮,即可查看各项性能指标的计算结果,包括均值和置信区间。图 5-8 展示了平均等待时间的均值和 90% 置信区间,以及样本标准差等统计结果。

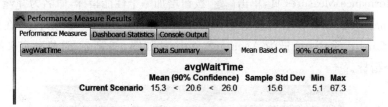

图 5-8　平均等待时间的均值和置信区间

图 5-8 对平均等待时间均值估计的相对误差为 $(26-20.6)/20.6=0.21$。有兴趣的读者可以根据图 5-8 的数据,以这 25 次运行作为初始 n_0 次运行,用近似计算法试算:若要使得对平均等待时间均值估计的相对误差小或等于 0.15,仿真重复运行次数应该设为多少?

5.4.2　非终止型仿真的输出分析举例

现在考查一个非终止型仿真的输出分析例子。假设某港口只有一个泊位,船舶按均值 10 小时的指数分布时间间隔到达港口,先排队,然后在泊位进行装卸活动,装卸时间服从均值 0.8 小时的指数分布,完工后离开系统,港口日夜运作。现在想知道船舶在队列中的平均等待时间的均值及该均值的置信区间,平均队长的均值及该均值的置信区间。这是一个典型的单队列单服务台系统,而且是非终止型的。模型主界面见图 5-9,模型见附书光盘的"bookModel\chapter5\nonTerminating.fsm"。

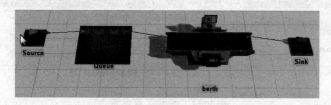

图 5-9　船舶装卸系统模型

针对该仿真系统的输出分析的步骤如下:

1. 确定预热期

这里采用直接观察法确定预热期(warmup time),用仪表板(Dashboard)显示队列(Queue)的平均队长(Average Content)和平均等待时间(Average Staytime)随时间变化的曲线,如图 5-10 所示,可以看出大约在 500 小时处曲线走平,因此预热期可定为 500 小时。

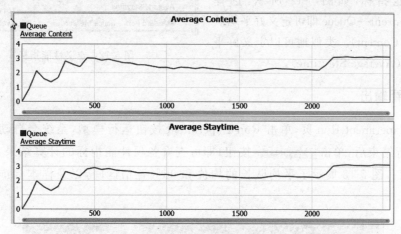

图 5-10　确定预热期

提示:仪表板的详细操作方法参见 5.6.2 节。

2. 确定仿真运行时间长度

根据经验规则,稳态时间取预热期的 10 倍,即 5000 小时,这样总仿真运行时间长度可以设为 5500 小时。

3．确定仿真运行次数

由于用户并无明确提出对性能指标均值的置信区间半宽的要求,这里将仿真运行次数设为 25 次。

选择菜单命令 Statistics→Experimenter 调出 Flexsim 的仿真实验管理器,然后按照图 5-11 进行实验参数设置,设置仿真实验长度为 5500 小时,预热期为 500 小时,每方案重复运行次数为 25。

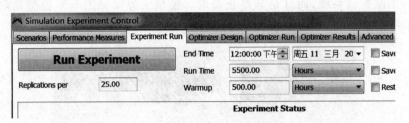

图 5-11　实验参数设置

4．定义性能指标

本例有两个性能指标,即队列中的平均等待时间和平均队长,由于已在 Dashboard 中定义了这两个指标,因此在实验管理器中可以直接引用 Dashboard 中的定义,转到 Performance Measures 页,单击 ➕ 按钮增加一个性能指标,如图 5-12 所示,选择 Average Content→Queue 即可定义好平均队长(Average Content)。类似地可以定义好平均等待时间(Average Staytime)。

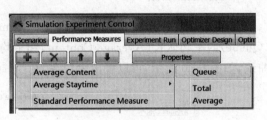

图 5-12　定义性能指标

5．查看输出

转到 Experiment Run 页,单击 Run Experiment 按钮运行模型,系统会自动重复运行 25 次。运行结束后,单击 View Results 按钮,即可查看各项性能指标的计算结果,包括均值和置信区间。图 5-13 展示了平均队长的均值和 90%置信区间,以及样本标准差等统计结果。

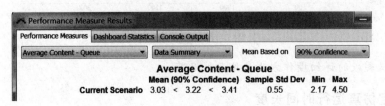

图 5-13　平均队长输出结果

5.5　方案比较

5.5.1　概述

前几节介绍了单一系统的输出分析方法,重点介绍了性能指标的估计方法。在实际的仿真项目研究中,经常要对不同的系统设计方案(scenario)在某一输出性能上进行比较,以找出最优方案。这些不同的设计方案可能仅仅是输入参数取值不同,也可能是整个模型的逻辑结构都不同。

例如某制造系统由于工艺路线不同形成两个方案,现在想知道哪个方案的吞吐量最大。一个最简单的方法是利用前面的输出分析方法,让每个方案重复运行 n(如 25)次,计算出两个方案 n 次运行的吞吐量的均值,假设分别为 150 和 157,然后就可以根据这两个均值进行比较,判断均值大的方案吞吐量更高(这里应该注意,绝对不能根据一次运行的结果下结论)。

以上方法简单实用,但是仍然不太科学,由于系统是随机的,既使结果是 n 次仿真的平均,其性能输出也还是随机的,因此,有可能误判,而且也不清楚发生误判的概率。要得到更加科学的结论,需要进行更加细致的统计分析,以下研究如何更加科学地比较两个方案的性能输出。

5.5.2　双系统方案比较

比较两个方案的方法有好几种,这里介绍一种比较通用的"成对 t 置信区间法"(paired-t confidence interval),该方法仅要求两个方案的运行次数相同。

该方法的基本思想是建立两个方案性能指标差值的均值的置信区间,根据此置信区间是否包含 0,来判断两个方案差异是否显著。其操作过程是:对每一个系统方案分别独立运行 n 次,各自得到同一性能指标的 n 个样本值,设系统 i($i=1,2$)的 n 个样本为 x_{i1},x_{i2},$\cdots$,x_{in}。记 z 为两个方案性能指标的差值,则 z 的 n 个样本为 $z_j = x_{1j} - x_{2j}$,$j=1,2,\cdots,n$。两个方案性能指标差值 z 的均值的 $100(1-\alpha)\%$ 置信区间可由下式求得:

$$\bar{z} \pm t_{n-1,\alpha/2} \frac{s}{\sqrt{n}} \tag{5.5}$$

其中,差值的样本均值

$$\bar{z} = \frac{1}{n} \sum_{j=1}^{n} z_j$$

差值的样本标准差

$$s = \sqrt{\frac{1}{n-1} \sum_{j=1}^{n} (z_j - \bar{z})^2}$$

式(5.5)表达的置信区间可用 5.1.2 节列出的 Excel 函数求出。如果 z_j 是正态分布的随机变量,则该置信区间是准确的,即以 $1-\alpha$ 的概率包含差值的真实均值。如果 z_j 不是正态分布的随机变量,则根据中心极限定理,当 n 足够大时,该区间包含差值的真实均值的概率趋近 $1-\alpha$。该区间称为成对 t 置信区间。算出置信区间后,可以根据如下情形进行判断:

(1) 如果计算得出的置信区间包含 0,那么可以以 $100(1-\alpha)\%$ 的信心判断两个方案的结果(性能)没有显著差异。

(2) 如果计算得出的置信区间完全位于 0 的左侧,那么可以以 $100(1-\alpha)\%$ 的信心判断方案 1 的结果小于方案 2。

(3) 如果计算得出的置信区间完全位于 0 的右侧,那么可以以 $100(1-\alpha)\%$ 的信心判断方案 1 的结果大于方案 2。

应用上述方法,不要求 x_{1j} 与 x_{2j} 是独立的,也不要求方差 $\mathrm{Var}(x_{1j})$ 与 $\mathrm{Var}(x_{2j})$ 相等,仅要求两个方案运行次数相同,因此该方法通用性较强。当然,如果能够通过实验设计(如采用共同随机数流)让 x_{1j} 与 x_{2j} 正相关,则可以减少 $\mathrm{Var}(z_j)$,从而使置信区间更小,估计的精度更高。

这种比较两系统性能的方法实质上是将两系统问题转化为单一系统的问题,因而可以采用前面单系统方案的分析方法。

现在,用一个例子对上述过程进行说明。某库存系统的订货策略记为 (s,S),小 s 是订货点,大 S 是最大库存,订货策略为定期检查库存,当发现库存低于小 s 就订货,订货量为 $S-s$。这样 (s,S) 就是系统的输入参数,这些参数的不同取值就形成了不同方案。下面研究两种方案。

(1) 方案 1:订货策略为 $(20,80)$

(2) 方案 2:订货策略为 $(20,60)$

我们关心的是两种方案的平均每月运作费用是否有统计意义上显著的不同,如果不同,哪个最低?

由于这是一个稳态仿真,设置预热期为 1 个月,让两个方案各运行 10 次,每次运行 60 个月,得到性能输出见表 5-1。

表 5-1 仿真运行结果 元

运行次数	方案 1 平均每月费用	方案 2 平均每月费用	平均费用差值 z_j
1	70.47	69.77	0.70
2	74.46	75.35	-0.89
3	70.20	68.52	1.68
4	71.20	69.34	1.86
5	70.60	63.70	6.90
6	72.41	69.06	3.35
7	75.64	72.42	3.22
8	70.28	73.24	-2.96
9	72.36	70.07	2.29
10	69.31	70.41	-1.10
总平均	71.69	70.19	1.51

取置信度为 90%（相应地显著性水平 $\alpha=0.1$），可以计算差值的均值的置信区间为

$$\bar{z} \pm t_{10-1,0.1/2} \frac{s}{\sqrt{10}} = 1.51 \pm 1.61$$

即 $[-0.10, 3.12]$，由于该区间包含 0，因此，有 90% 的信心认为这两个方案的平均每月运作费用无显著差异。上述计算过程可用 Excel 完成，本例的 Excel 文件参见附书光盘的"bookModel\chapter5\方案比较.xls"的"双方案比较"工作表。

5.5.3　多系统方案比较

以上介绍的是双方案的比较，对于超过两个方案的多方案比较，常用 Bonferroni 法进行比较。可以根据需要进行两两方案比较，也可以与基准方案比较。

1. 两两比较

此方法即对所有方案进行两两比较，以确定各方案间是否存在统计意义上的显著差异。假设有 K 个方案，用 Bonferroni 法进行两两比较（总共有 $K(K-1)/2$ 组比较）的步骤如下：

（1）设定一个总体显著性水平 α（相应地总体置信度为 $1-\alpha$）；

（2）采用上一小节介绍的"成对 t 置信区间法"构造两两方案性能指标差值的均值的置信区间，要注意每个置信区间的显著性水平设为 $\dfrac{\alpha}{K(K-1)/2}$；

（3）观察每个置信区间是否包含 0，以判断涉及的方案差异是否显著。

这里举个例子说明上述过程，某库存系统设计了 5 个库存策略（对应 $K=5$ 个方案），现在想知道这 5 个方案是否有显著差异，用于评价的性能指标是平均每月费用。比较步骤如下：

（1）假设总体显著性水平设为 0.1（相应地总体置信度为 90%）。

（2）个体显著性水平为 $\dfrac{0.1}{5(5-1)/2}=0.01$，每个方案各运行 10 次，采用成对 t 置信区间法构造两两差值的均值的 99% 置信区间如表 5-2 所示。

表 5-2　差值的均值 99% 置信区间（总体置信度 90%）

方案	2	3	4	5
1	130.89,351.21	202.38,440.97	-65.67,69.12	142.72,359.92
2		64.02,101.78	-310.32,-168.49	-24.51,42.98
3			-407.44,-233.46	-108.39,-39.35
4				170.21,324.87

（3）观察表 5-2，可以看到有些差值的均值的置信区间不包含 0，有些包含 0，因此，可以总体上 90% 的信心（置信度）认为这些方案之间有些有显著差异，有些无显著显著差异，完整的结论见表 5-3。由表 5-3 可见方案 3 的费用最小，因此是最佳方案（注意，并不是每种情况下都能找到最佳方案的）。

表 5-3 方案比较结论

方案	2	3	4	5
1	方案 1 费用＞方案 2 费用	方案 1 费用＞方案 3 费用	无差异	方案 1 费用＞方案 5 费用
2		方案 2 费用＞方案 3 费用	方案 2 费用＜方案 4 费用	无差异
3			方案 3 费用＜方案 4 费用	方案 3 费用＜方案 5 费用
4				方案 4 费用＞方案 5 费用

附书光盘的"bookModel\chapter5\方案比较. xls"的"多方案比较"工作表有一个三方案比较的例子,可供读者参考。

2. 与基准方案比较

有时候,并不想对所有方案进行两两比较,而是事先有一个基准方案(可能就是正在运行的方案,或者是看起来最佳的方案),想用其他方案与基准方案比较,看看这些方案与基准方案是否显著不同。这种比较过程与上面的两两比较类似,只是比较数目较少。假设有 K 个方案,其中有一个基准方案,用 Bonferroni 法与基准方案比较的具体步骤如下(只需执行 $K-1$ 组比较)。

(1) 设定一个总体显著性水平 α(相应地总体置信度为 $1-\alpha$);

(2) 采用"成对 t 置信区间法"构造各非基准方案与基准方案性能指标差值的均值的置信区间,要注意每个置信区间的显著性水平设为 $\frac{\alpha}{K-1}$;

(3) 观察每个置信区间是否包含 0,以判断涉及的方案差异是否显著。

例如前述库存系统,共有 5 个方案,若方案 1 为基准方案,要与其他方案比较,步骤如下:

(1) 假设总体显著性水平设为 0.05(相应地总体置信度为 95%);

(2) 个体显著性水平为 $\frac{0.05}{5-1}=0.0125$,每个方案各运行 10 次,采用成对 t 置信区间法构造方案 1 与其他各方案两两差值的均值的 98.75% 置信区间如表 5-4 所示。

表 5-4 差值的均值 98.75% 置信区间(总体置信度 95%)

比　　较	98.75% 置信区间	结　　论
方案 1 对方案 2	137.16, 347.10	方案 1＞方案 2
方案 1 对方案 3	210.90, 437.37	方案 1＞方案 3
方案 1 对方案 4	−61.01, 64.46	无显著差异
方案 1 对方案 5	148.79, 349.92	方案 1＞方案 5

观察表 5-4,可以看到有些置信区间不包含 0,因此,可以总体上 95% 的信心(置信度)认为基准方案 1 与其他方案有显著差异。方案 1 的费用大于方案 2、方案 3 和方案 5,但与方案 4 无显著差异。

5.6　Flexsim 中定义性能指标的方法

本节将较全面地介绍在 Flexsim 中定义常见性能指标的方法。以附书光盘中的"bookModel\chapter5\performance. fsm"文件为例来说明,该文件中的仿真模型就是 5.4.1 节的仓库装卸仿真模型,见图 5-14。Flexsim 中,既可以在实验管理器直接定义性能指标,也可以先在仪表板(Dashboard)中定义性能指标,然后在实验管理器引用该指标。

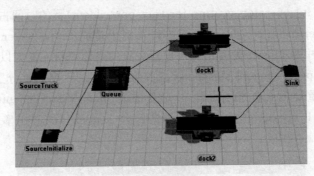

图 5-14　模型结构

5.6.1　在实验管理器直接定义性能指标

选择菜单命令 Statistics→Experimenter 调出实验管理器,在实验管理器的 Performance Measures 页,单击 按钮可以增加性能指标,如图 5-15 所示,在此可以定义性能指标名称、细节等,细节的定义在 Performance Measure 下拉列表框中设置。

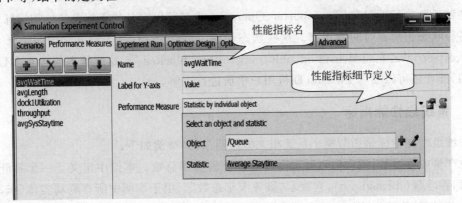

图 5-15　定义性能指标

1. 与 Queue 相关的性能指标

与 Queue 对象有关的性能指标包括平均队长、最大队长、平均等待时间、最大等待时间等,这些指标可以在 Performance Measure 下拉列表框中选择 Statistic by individual object,在弹出模板中将 Object 设为相关队列的名称,Statistic 设为 Average Content、Maximum Content、Average Staytime 或 Maximum Staytime 等,图 5-15 定义了队列的平均等待时间。

2．与资源相关的性能指标

Flexsim 模型中,Processor 和各种任务执行器对象都是资源,与资源有关的性能指标主要是其所处各种状态占仿真时间的比率。

例如,与 Processor 对象有关的性能指标主要指其处于各种状态(processing、blocked、idle、setup、waiting for operator、waiting for transport、down)下的时间占仿真时间的比率。这些指标可以在 Performance Measure 下拉列表框中选择 State percentage by individual object,在弹出模板中将 Object 设为相关处理器对象的名称,State 设为以上状态之一(通常设为 processing)。processing 和 blocked 状态占仿真时间的比率通常分别称为利用率和阻塞率,是两个比较重要的性能指标。附书光盘中的"bookModel\chapter5\performance.fsm"中定义了一个 Processor 相关的指标,即装卸台 1(dock1)的利用率 dock1Utilization,见图 5-16。

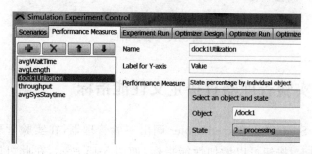

图 5-16　定义装卸台利用率

各种任务执行器对象(Transporter、Operator)也都可以定义状态相关的性能指标,即其所处各种状态占仿真时间的比率。这些状态包括 travel empty、travel loaded、offset travel empty、offset tavel loaded、loading、unloading、utilize、blocked 等,这些状态的含义多数都是自明的,读者还可以参考 Flexsim 联机用户手册进行了解。

3．系统级性能指标

系统级性能指标是指与整个系统相关的性能指标,举例如下:

总产量或吞吐量,指在仿真时段内离开系统的实体总数。本例中定义了一个吞吐量的指标,即吞吐量(throughput),它表示"服务卡车总数"。由于本例中所有流动实体(卡车)最终都被 Sink 对象吸收,因此,Sink 对象的输入 Input(注意,不是输出)就是系统吞吐量。在 Performance Measure 下拉列表框中选择 Statistic by individual object,将 Object 设为 Sink,Statistic 设为 Input 即可定义此指标。如果要定义吞吐率(即单位时间的产量),则要注意预热期的影响,这需要修改一些代码,在 Performance Measure 下拉列表框中选择 Statistic by individual object,将 Object 设为 Sink,Statistic 设为 Input,然后进入代码编辑器,将 else if (stat == Input) value = getinput(current)改为 else if (stat == Input) value = getinput(current)/(仿真运行时长－预热期),即可求得单位时间的产量,若模型时间单位为分钟,则求出的是每分钟产量,要想求每小时产量,再乘以 60,变为 else if(stat ＝＝ Input) value ＝ getinput(current) 改为 else if(stat ＝＝ Input) value ＝ getinput(current)/(仿真运行时长－预热期)×60 即可。

系统平均周转时间指流动实体从进入系统到离开系统(或进出某个子系统区域)的平均逗留时间。系统平均在制品数量指系统(或某个子系统)中流动实体(产品)的平均数目,它是类似平均队长那样的时间加权平均数。这两个指标定义在系统或子系统上,在 Flexsim 中,要先把相关的子系统定义成组(Group),然后才能基于这个组定义相关性能指标。本例中定义 Group 和系统平均周转时间的方法如下:

(1) 框选对象

按住键盘 Shift 键的同时用鼠标左键框选构成子系统的对象,如图 5-17 所示,这里框选了 Queue、dock1 和 dock2 三个对象(红色线框围住)。

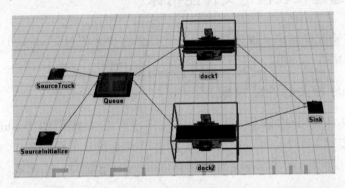

图 5-17　框选子系统对象

(2) 定义组 Group

选择菜单命令 View→Groups,在快速属性窗体的下部会出现组定义区域,如图 5-18 所示,在其中单击 ![] 按钮增加一个组 Group1,再单击 ![] 按钮,选择 Add Model's Selected Objects to Group,即可将被框选的对象加入组 Group1 中,这个 Group1 相当于一个子系统。

定义好组后,就可以取消对象上的红框了,方法是按住 Shift 键的同时,用鼠标在模型中空白的地方拖一下即可。

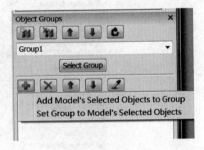

图 5-18　定义组

(3) 定义系统平均周转时间

在实验管理器的 Performance Measure 页增加一个性能指标 avgSysStaytime(即系统平均周转时间),如图 5-19 所示,在 Performance Measure 下拉列表框中选择 Statistic by group,将 Group 设为 Group1,Statistic 设为 Average Staytime,Aggregation 设为 Total,即可定义流动实体在该子系统的平均周转时间指标。若将 Statistic 设为 Average Content 即可定义系统平均在制品数指标。

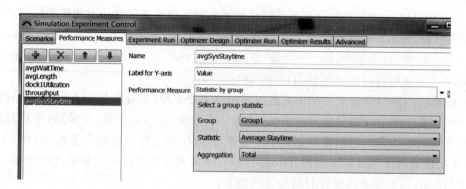

图 5-19　定义系统平均周转时间

5.6.2　通过仪表板定义性能指标

另一种在实验管理器定义性能指标的方式是先在仪表板(Dashboard)中定义好指标，再在实验管理器中直接引用。

1．与 Queue 相关的性能指标

如果要定义队列平均队长，可以这样操作：单击工具栏的 Dashboards→Add a dashboard 选项新建一个 Dashboard，然后按图 5-20 箭头所示的操作顺序，将 Average Content 拖放到仪表板，并在弹出的指标定义对话框中 Objects 页增加 Queue 对象。

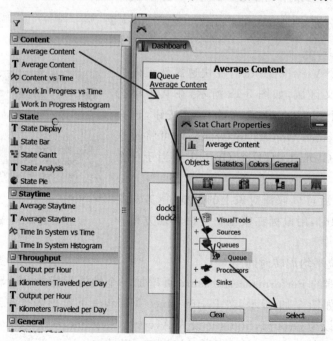

图 5-20　定义对象

在指标定义对话框的 Statistics 页可定义要显示的性能指标，General 页可定义图表的显示方式，默认是显示条图 Bar Chart，如果想观察平均队长随时间变化的曲线，可改为线图 Line Chart，如图 5-21 所示，这样就完成了仪表板中对平均队长的定义。

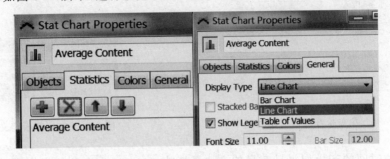

图 5-21　定义指标和显示方式

提示：图 5-21 中的图表标题就是性能指标名字，它是可以修改的。

然后选择菜单命令 Statistics → Experimenter 调出实验管理器，在 Performance Measures 页增加一个指标，按图 5-22 选择 Average Content→Queue 命令，即可引用仪表板中已定义好的平均队长。定义其他队列相关指标的方法与之类似。

提示：图 5-22 中若选 Standard Performance Measure，则就会按照 5.6.1 节的方法直接定义性能指标。Standard Performance Measure 上面的菜单项都是仪表板中已定义好的指标，菜单项的名字就是仪表板中对应图表的标题。

2．与资源相关的性能指标

与资源相关的指标主要是利用率等相关状态比率，因此，它们是状态相关的指标，只需将 State Bar 拖放到仪表板，在指标定义对话框中加入相关资源对象（这里是 dock1 和 dock2）即可，如图 5-23 所示，这将显示两个装卸台的利用率。然后调出实验管理器，在 Performance Measures 页增加指标，按图 5-24 分别选择 dock1 和 dock2，即可引用仪表板中已定义好的利用率。

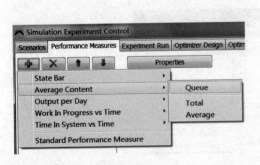

图 5-22　在实验管理器中引用平均队长

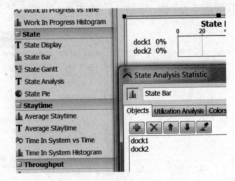

图 5-23　在仪表板定义利用率

3．系统级性能指标

定义总产量或吞吐量的方法是拖放 Average Content 到仪表板，在指标定义对话框中，标题改为 totalProduction，Object 设为 Sink，Statistics 修改为 Total Input，如图 5-25 所示。然后在实验管理器按图 5-26 选 Sink 定义好总产量。

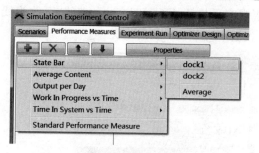

图 5-24　在实验管理器引用利用率

图 5-25　在仪表板定义总产量

定义单位时间的产量如每日产量的方法是拖放 Average Content 到仪表板,在指标定义对话框中,标题改为 Output per Day,Object 设为 Sink,Statistics 修改为 Input per Day(注意,这里不是 Output per Day,因为 Sink 的 Input 就是系统的 Output),如图 5-27 所示。然后在实验管理器引用该指标为 Output per Day-Sink。

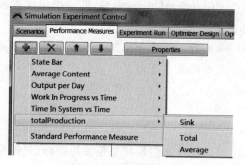

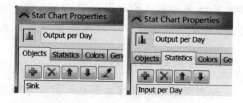

图 5-26　在实验管理器引用总产量

图 5-27　仪表板中定义单位时间产量

定义系统平均周转时间的方法是拖放 Time In System Histogram 到仪表板,然后在实验管理器中按图 5-28 选 Average 引用它。

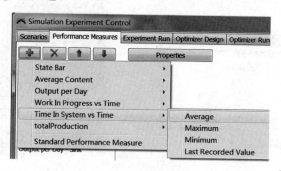

图 5-28　定义系统平均周转时间

定义系统平均在制品数量的方法是拖放 Work In Progress vs Time 到仪表板,然后在实验管理器中引用它。

以上介绍了定义性能指标的常用方法,对更加复杂的性能指标可能要自定义跟踪变量(Tracked Variable)来表示,跟踪变量是 Flexsim 专门针对数据统计而设计的变量,它与普通变量不同,每当其值变化时(通常是通过命令 settrackedvariable 修改其值),Flexsim 会在内部记录其新值和变化时间,这样相当于保留了其历史上取过的所有值和相应的时间,基于这些历史数据,就可以计算其平均值、时间加权平均值等统计结果。也可以利用仪表板显示跟踪变量的图表,并进一步在实验管理器中引用它。还可以利用全局表自定义性能指标,详情可参考 5.8 节中第 8 题和 9.1 节库存系统仿真的例子。

5.7　习题

1. 什么是仿真输出分析?
2. 单系统方案输出分析的核心目标是什么?
3. 如何估计性能指标的均值及其置信区间?
4. 终止型仿真和非终止型仿真的区别是什么?
5. 在输出分析时,如何确定终止型仿真和非终止型仿真的重复运行次数?
6. 如何确定非终止型仿真的预热期?
7. 如何确定终止型仿真和非终止型仿真的运行时间长度?
8. 图 5-8 为仿真模型 25 次重复运行的输出结果,以这 25 次运行作为初始运行,请在 Excel 中用近似计算法试算,若要使得对平均等待时间均值估计的相对误差小或等于 0.15,仿真重复运行次数应该设为多少?

5.8　实验

1. 单系统方案输出分析——终止型仿真

实验目的:掌握终止型仿真的单系统方案输出分析方法。

实验内容:按照 5.4.1 节介绍的步骤执行单系统方案的终止型仿真输出分析,注意要自己建立模型,不要用光盘上提供的结果模型。

2. 单系统方案输出分析——非终止型仿真

实验目的:掌握非终止型仿真的单系统方案输出分析方法。

实验内容:按照 5.4.2 节介绍的步骤执行单系统方案的非终止型仿真输出分析,注意要自己建立模型,不要用光盘上提供的结果模型。

3. 机场登记流程 1

实验目的:学习在 Flexsim 中定义性能指标的方法。

实验内容:乘客到达机场入口的时间间隔服从均值为 1.6 分钟的指数分布,首次到达时间为 0。乘客从入口到登记处的行进时间服从 2～3 分钟的均匀分布。在登记处柜台前,乘客需要排成一队,等候 5 个代理中一个为其提供服务。登记时间(以分钟记)服从尺度参

数 $\beta=7.76$，形状参数 $\alpha=3.91$ 的韦布尔(Weibull)分布。完成登记之后，旅客可以自由离去。对此系统建立一个仿真模型：

(1) 运行仿真模型 16 个小时后，运行 10 次，给出平均系统逗留时间，完成登记乘客总数，以及等待登记的平均队长这三个指标的均值和 90% 置信区间。

(2) 要使得平均队长均值的置信区间半宽小于 0.8，试用公式估算需要运行多少次仿真，然后通过实验验证。

(结果模型见附书光盘的"bookModel\chapter5\airport1.fsm")

4．机场登记流程 2

实验目的：学习在 Flexsim 中定义性能指标的方法。

实验内容：在上题中，如果旅客分成两种类型，第一种类型的旅客的到达时间间隔服从平均值为 2.4 分钟的指数分布，登记时间(以分钟记)服从尺度参数 $\beta=0.42$，形状参数 $\alpha=14.4$ 的伽马分布 gamma(0,0.42,14.4)；第二种类型的旅客到达时间间隔服从平均值为 4.4 分钟的指数分布，登记时间服从爱尔朗分布，表达式为 erlang(3,0.54,12)。两种旅客的首次到达时间都是 0。按此修改上题的模型，并比较仿真结果。(结果模型见附书光盘的"bookModel\chapter5\airport2.fsm")

5．集装箱港口泊位装卸仿真

实验目的：学习非终止型仿真输出分析方法。

实验内容：某日夜运作的集装箱港口，集装箱船平均 7 小时到达一艘(指数分布)，其中大型船占 70%，小型船占 30%。船先在锚地等待，然后进入两个泊位之一进行装卸集装箱，每个泊位装卸时间大型船服从 10~20 小时的均匀分布，小型船服从 4~10 小时的均匀分布。装卸完成后船离开港口。码头管理人员希望了解船舶平均等待时间、最长等待时间等性能指标。问若要建立该仿真模型，它是一个终止型系统仿真，还是非终止型系统仿真？为什么？试建立该码头运作的仿真模型，然后回答下面的问题。

(1) 仿真运行时间长度的确定和设置

若采用重复/删除法进行本系统的输出分析，仿真运行时间长度如何确定？将本系统的时间长度设为 10000 小时。(计算其大约等于多少天，这么长的时间里，是否所有事件都会发生许多次？如各种船型的到达事件？)

(2) 预热期的确定和设置

什么是"预热期"？确定预热期的简单方法是什么？请你确定本模型的预热期并在模型中设置好，大约是多少小时？

(3) 仿真运行次数的确定和设置

什么是置信区间的半宽？若有一置信区间为[2.66,3.34]，其半宽是多少？半宽和精度的关系是什么？

将仿真运行次数设为 5 次，运行后观察船舶在锚地平均等候时间均值的置信区间的半宽是多少。再将仿真次数设为 10 次，运行后观察平均等候时间置信区间的半宽是多少。从中可以得出半宽和仿真运行次数有何关系？

(4) 将仿真次数设为 10 次，求船舶平均等待时间、最大等待时间、平均队长、最大队长以及两个泊位利用率的均值和 95％置信区间。

（5）若要保证船舶平均等待时间均值的 95％置信区间的半宽小于 3,仿真运行次数应至少设为多少？试通过实验验证。

（结果模型见附书光盘的"bookModel\chapter5\containerTerminal.fsm"）

6．纸箱制造厂制造作业流程仿真

实验目的：学习非终止型仿真输出分析方法。通过系统仿真来发现纸箱制造厂作业瓶颈站,以及生产线的投料率（到达率）、在制品生产周期与生产效率的关系,为纸箱制造厂内现场管理提供参考。

实验内容：纸箱制造厂制造作业工序如图 5-29 所示。

图 5-29　纸箱制造厂制造作业工序

目前生产的纸分别有 3 种,分别为一型、二型和三型。

（1）一型：此类纸箱应用范围非常广泛,如电子及高科技产品包装、精美化妆品包装、礼盒等,适用于一般高单价产品。

（2）二型：常用于内盒包装,有些产品包装常常外部用一个大纸盒包装、内部用小纸盒分别包装,而这些小纸盒的包装为 B 型。

（3）三型：常用于外层包装的大型纸箱。

不同的纸箱有不同的加工步骤,它们的生产流程如表 5-5 所示。

表 5-5　生产流程

纸箱产品种类	生　产　流　程
一型	压线作业—印刷裁剪—堆高机—糊纸—包装
二型	印刷裁剪—堆高机—糊纸—包装
三型	压线作业—印刷裁剪—堆高机—打钉—包装

表 5-6 所示为纸箱制造厂各台机器的数量及对应产品加工时间和预置时间（setup time）。

表 5-6　输入参数

设 备 名 称	数量	加工时间/min	预置时间/min
压线机	1	normal(15,1)	uniform(3,5)
印刷裁剪机	1	normal(18,1)	无
堆高机	1	一型：normal(18,1) 二型：normal(25,1) 三型：normal(20,1)	uniform(5,8)
糊纸机	1	normal(12,1)	无
打钉机	2	normal(15,1)	无
包装机	1	normal(20,1)	uniform(3,5)

假设：纸箱原料到达时间间隔服从 uniform(25,30)分钟的均匀分布,其中一型、二型、三型到达的比例为 3∶5∶2。每种类的机器前均设有一个无限长度的等候区,且等候区采用先到先服务的方式。纸箱产品在两个机器之间的搬运时间可以忽略不计。该纸箱制造厂每天工作 24 小时,连续不间断工作。试建立上述仿真模型,并通过实验回答下述问题:

(1) 该仿真是终止型仿真还是非终止型仿真?为什么?

(2) 用 Dashboard 查看每日产量随时间变化的曲线,并据此确定预热期。

(3) 利用 Dashboard 查看各台机器的利用率,据此判断哪台机器是瓶颈。

(4) 假设预热期为 5000 分钟,仿真时间长度为 55000 分钟,仿真重复运行次数为 25 次,通过仿真得到以下性能指标的均值和均值的 90％置信区间:三种纸箱产品分别的平均生产周期和总体的平均生产周期(分钟/个);三种产品分别的平均每日产量和总体的平均每日产量;每台机器的利用率;系统内的平均在制品数量。

结果模型见附书光盘的"bookModel\chapter5\boxProduction. fsm",其结构如图 5-30 所示,其中尾部的 Queue1、Queue2、Queue3 并无实际作用,仅仅是用于方便统计三种产品各自的每日产量(三种类型的产品分别进入对应的队列)。

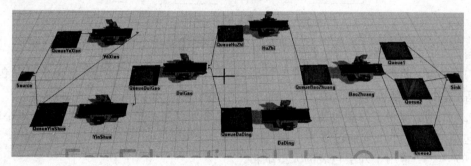

图 5-30　纸箱制造流程

提示:定义三种纸箱产品分别的平均生产周期的方法如下:选择菜单命令 View→ToolBox 调出工具箱,在工具箱中增加三个跟踪变量 tracked variable,分别命名为 cycleTime1、cycleTime2、cycleTime3,用于记录三种类型纸箱的周转时间(假设已在 Source 中设置了三种纸箱的 itemtype 分别为 1、2、3)。在 Sink 的 OnEntry 触发器选择 Set Tracked Variable 模板,并按图 5-31 设置。然后将 |||| Tracked Variable Histogram 拖放进仪表板,在弹出的指标定义对话框中加入这三个周转时间变量。再调出实验管理器增加引用它们形成三个平均周转时间,如图 5-32 所示。

7. 取款机设计方案比选

实验目的:学习双系统方案比较方法。

实验内容:某银行要确定自动取款机设计方案,有两种方案可供选择:单机方案和双机方案,如图 5-33 所示。单机方案采用较昂贵的快速取款机,双机方案采用较便宜的慢速取款机,两种方案的总成本相同。管理人员想选择前 100 个顾客排队的平均等待时间较短的方案,你能帮他选择吗?试说明理由。假设顾客到达时间间隔服从均值 2 分钟的指数分布,快速取款机服务时间为均值 1.8 分钟的指数分布,每台慢速取款机服务时间为均值 3.6 分钟的指数分布,系统初始为空闲状态。(注意该仿真是终止型,仿真终止条件是服务完100 个顾客终止。)

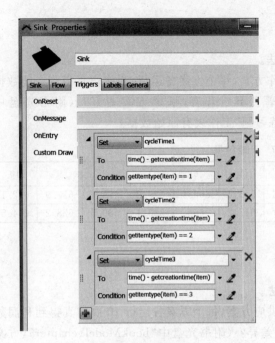

图 5-31　设置 Sink

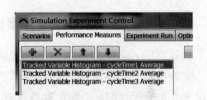

图 5-32　定义三个平均周转时间

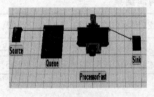

(a) 单机方案

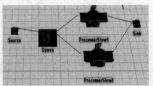

(b) 双机方案

图 5-33　两种生产方案

提示：将 Sink 的 OnEntry 触发器按图 5-34 设置，然后在实验管理器中将 Run Time 设为一个极大的数，如 100000。（结果模型见附书光盘的"bookModel \ chapter5 \ twoSystemCompare1. fsm 和 bookModel\chapter5\ twoSystemCompare2. fsm"）

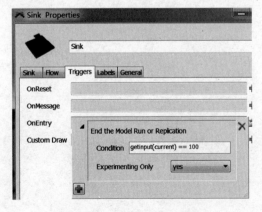

图 5-34　设置仿真终止条件

8. 某制造系统工作方案比选

实验目的：掌握双系统方案比较的方法。

实验内容：某制造系统设计了两个工作方案,每个方案各运行 10 次仿真得到产能数据如表 5-7 所示,问这两个方案是否有显著差异？ 若有,哪个方案更好？（附书光盘中"bookModel\chapter5\方案比较.xls"的"练习题"工作表有原始数据）

表 5-7　产能结果

运行次数	1	2	3	4	5	6	7	8	9	10
方案 1 产能	594.6	631.5	649.8	624.6	545.4	662.4	529.2	575.1	627.9	632.1
方案 2 产能	600.3	631.8	649.8	629.7	547.2	663	533.1	580.5	628.2	634.5

9. 某供应链系统多系统方案比较

实验目的：掌握多系统方案比较的方法。

实验内容：某供应链系统设计了三个供应方案,每个方案各运行 10 次仿真得到利润数据如表 5-8 所示,问这三个方案是否有显著差异？（附书光盘中"bookModel\chapter5\方案比较.xls"的"练习题"工作表有原始数据）

表 5-8　利润结果

方案 1	130.1	132.19	122.37	124.83	121.68	122.03	131.8	121.12	128.55	131.88
方案 2	122.46	127.22	116.11	118.89	115.48	115.33	121.7	119.7	121.22	122.66
方案 3	127.35	128.3	122.46	126.71	124.05	123.79	129.81	126.04	131.38	129.43

第 6 章 Flexsim 建模进阶

第 2 章已经介绍了 Flexsim 建模的基本技术,本章进一步介绍 Flexsim 建模的一些常用对象和技术,供有兴趣深入学习的读者参考。

6.1 Flexsim 对象触发器执行次序(推动 vs 拉动)

Flexsim 对象的属性对话框中有一些字段是可以编程的,包括代码字段和触发器字段,代码字段的代码有返回值,触发器字段的代码没有返回值。由于它们都是在特定事件发生时触发执行,为方便起见本节把它们都称为触发器,如 OnEntry 触发器在流动实体进入对象时会触发执行。开发人员可以在触发器中编制程序,以定制对象的行为。这些触发器的执行顺序反映了 Flexsim 对象的工作机制,因此,理解触发器的执行顺序,对理解模型执行逻辑、提高编程水平是非常有帮助的。固定资源对象默认工作在推动模式下,也可通过设置让它工作在拉动模式下,不同模式下各个触发器的执行顺序如下:

1. 推动模式

图 6-1 展示了在默认的推动(Push)模式下,Processor 对象的触发器执行顺序(其他对象的触发器执行顺序与此类似),其中不带 On 前缀的触发器主要用于计算某些值,然后用 return 语句返回某个值给对象。带 On 前缀的触发器主要用于执行一些动作,一般不需要 return 语句返回值(但可以用 return 0 语句在中途退出触发器)。

当流动实体进入 Processor 时,首先触发执行 OnEntry 触发器,然后执行 Setup Time 触发器,该触发器返回预置时间给 Processor 对象。如果设置了要求操作员执行预置操作,就会执行 Pick Operator 触发器,该触发器返回一个指向任务执行器对象的引用,该任务执行器之后将被用来执行预置操作。

下一步是经过一个时间延时,该延时等于预置时间(Setup Time)加上任务执行器变得可用并行走到本对象的时间。当这段延时结束后,会触发执行 OnSetupFinish 触发器,开发人员可以在此加入自己的程序以定制对象行为。然后执行 Process Time 触发器,该代码返回处理时间给 Processor 对象。如果设置了要求操作员执行处理操作,就会执行 Pick Operator 触发器,该触发器返回一个指向任务执行器对象的引用。

再经过一个时间延时,该延时等于处理时间加上任务执行器变得可用并行走到本对象的时间。当这段延时结束后,会触发执行 OnProcessFinish 触发器。然后 Send To Port 触

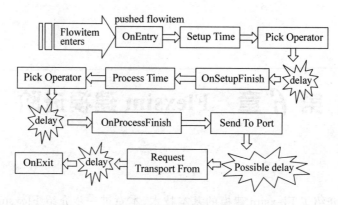

图 6-1　推动模式下对象触发器执行顺序

发器执行,该触发器返回一个输出端口号,通知 Processor 对象将流动实体发往哪个输出端口。

下一步是一个"可能的延时",例如当下游对象处于容量满的状态无法接收流动实体时,就会发生延时,如果下游对象可以立即接收流动实体,这个延时就不会发生。如果设置了要任务执行器从本对象搬运流动实体到下游对象,则会执行 Request Transport From 触发器代码,返回一个指向任务执行器的引用。下一个延时是等待任务执行器行走到本对象的时间延时。最后,当流动实体离开时执行 OnExit 触发器。

2.拉动模式

若在 Processor 对象属性窗体的 Flow 页选中 Pull 框,则该对象进入拉动模式,在拉动模式下其触发器执行顺序如图 6-2 所示,想象这是 Processor 从上游 Queue 中拉出流动实体。

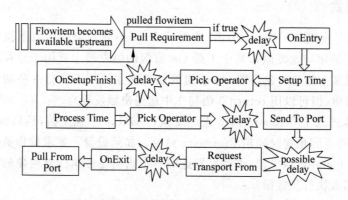

图 6-2　拉动模式下对象触发器执行顺序

在拉动模式下,当上游流动实体变得可用时,Processor 的 Pull Requirement 触发器触发执行,该触发器中用户可定义一些规则,并返回 1(true)或 0(false)。若上游流动实体符合规则要求,则可以返回 1,这样就可以拉动上游流动实体进来,如果需要任务执行器,那么还要等一个行走延时。下一步触发 OnEntry 触发器,之后的过程与推动模式下的类似,直到执行完 OnExit 触发器,下一步会执行 Pull from Port 触发器,该触发器告诉 Processor 对象从哪个输入端口查看可用流动实体。如果想更加全面仔细地观察事件发生次序,可以打开 Event Log 窗体观察。

　　还可以从另一个角度观察固定资源的工作逻辑,如图 6-3 所示,它表达了固定资源在默认情况下处理流动实体过程中的内部逻辑以及建模者可定义的逻辑之间的关系。

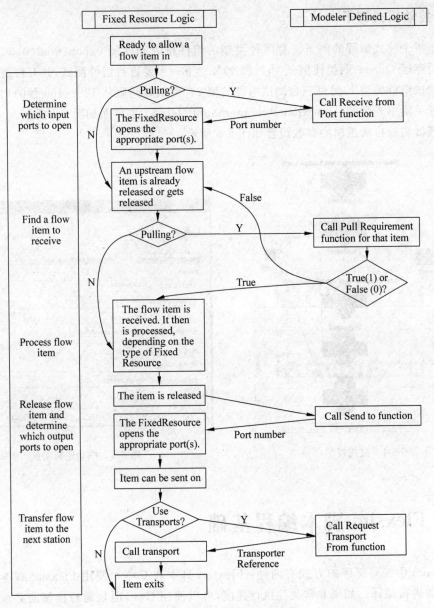

图 6-3　固定资源工作逻辑

　　固定资源通过其输入端口"接收"流动实体,对流动实体执行一些操作,然后通过其输出端口"释放"流动实体将其传送下去。但所有固定资源接收和释放流动实体的过程都是相同的。例如,队列 Queue 可以同时接收多个流动实体,在每个流动实体进入队列后,队列立即释放它们(相当于延时为 0)。再来看处理器(Processor),处理器只接收一个流动实体,处理它(延时),然后释放它(注意,释放后流动实体不一定立即离开处理器),并一直等到此流动实体离开后才接收下一个流动实体。可见队列和处理器接收和释放流动实体的过程是相同的,它们在接收和释放每个流动实体时都经历一系列特定的步骤,其中一些步骤是固定资源自动处理的,另外一些允许建模人员来定义接收和释放流动实体的逻辑(即触发器)。

3．拉动模式例子

这里举个拉式编程的例子。有两种类型的组件按时间间隔 exponential(0,30,0)秒随机到达暂存区 Queue,两类比例是 40% 和 60%。下一步要进行组件测试,共五台测试机,其中两台测试组件类型 1,另外三台测试组件类型 2。测试时间服从 120～150 秒的均匀分布。此模型参见附书光盘的"bookModel\chapter6\pull.fsm"。主界面如图 6-4 所示。

处理器实施拉动逻辑的参数设置如图 6-5 所示。

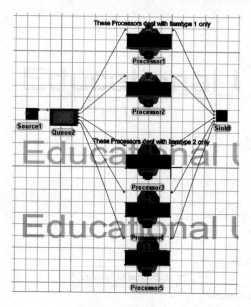

图 6-4　拉式模型

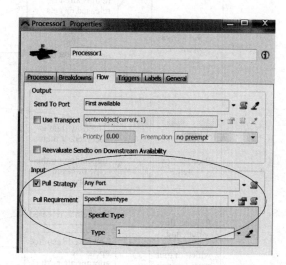

图 6-5　拉动逻辑实施

6.2　Flexsim 脚本编程基础

Flexsim 中编写程序的方式有两种:Flexsim 脚本和 C++。使用 Flexsim 脚本比较容易,不需要进行编译。如果非常关注执行速度,可以使用 C++,但是运行模型前必须进行编译。本节介绍 Flexsim 脚本编程的基本知识。

6.2.1　Flexsim 脚本的一般规则

Flexsim 脚本的一般规则如下:
(1)语言对大小写敏感;

（2）如无明确说明，数值都是双精度的浮点值；

（3）文本字符串通常用双引号引起来，如"mytext"；

（4）函数或命令总是以分号结尾；

（5）单行注释符是//，多行注释符是/*和*/。

6.2.2　变量与数组

Flexsim 脚本有四种类型的变量，见表 6-1。

还可以定义四种类型的数组，见表 6-2。

<table>
<tr><th colspan="2">表 6-1　变量类型</th></tr>
<tr><th>类　　型</th><th>描　　述</th></tr>
<tr><td>int</td><td>整数类型</td></tr>
<tr><td>double</td><td>双精度浮点类型</td></tr>
<tr><td>string</td><td>文本字符串</td></tr>
<tr><td>treenode</td><td>指向一个 Flexsim 节点或者对象</td></tr>
</table>

<table>
<tr><th colspan="2">表 6-2　数组类型</th></tr>
<tr><th>类　　型</th><th>描　　述</th></tr>
<tr><td>intarray</td><td>整数类型数组</td></tr>
<tr><td>doublearray</td><td>双精度浮点类型数组</td></tr>
<tr><td>stringarray</td><td>文本字符串数组</td></tr>
<tr><td>treenodearray</td><td>树节点类型数组</td></tr>
</table>

下面是声明和设置变量及数组的示例：

```
int index = 1;
double weight = 175.8;
string category = "groceries";
treenode nextobj = next(current);
intarray indexes = makearray(5);        //生成 2 个元素的数组
indexes[1] = 2;
indexes[2] = 3;
```

6.2.3　流程控制语句

1. if 语句

if 语句用来在表达式为真时执行某些代码；表达式为假时，执行另一部分代码。

<table>
<tr><th>程 序 结 构</th><th>示　　例</th></tr>
<tr>
<td>

```
if (test expression)
{
  代码块
}
else
{
  代码块
}
```
</td>
<td>

```
if (content(item) == 2)
{
  colorred(item);
}
else
{
  colorblack(item);
}
```
</td>
</tr>
</table>

2. while 循环

while 循环将一直在其程序块内循环直到表达式为假时才停止。

程 序 结 构	示　　例

while (test expression)
{
　　code block
}
	while (content(current) == 2)
	{
	　　destroyobject(last(current));
	}

3. for 循环

程 序 结 构	示　　例

for (start expression;
　test expression;
count expression)
{
代码块
}
	for (int index = 1;
	　　index <= content(current);
	　　index++)
	{
	　　colorblue(rank(current,index));
	}

4. switch 语句

switch 语句根据 switch 变量的值在几个备选的代码段中选择一段执行。switch 变量必须是整数。下面的例子给流动实体设定颜色,类型 1 设为黄色,类型 5 设为红色,其他类型都为绿色。

程 序 结 构	示　　例

switch (switchvariable)
{
　case casenum:
　{
　　代码块
　　break;
　}
　default:
　{
　　代码块
　　break;
　}
}
	int type = getitemtype(item);
	switch (type)
	{
	　case 1:
	　{
	　　coloryellow(item);
	　　break;
	　}
	　case 5:
	　{
	　　colorred(item);
	　　break;
	　}
	　default:
	　{
	　　colorgreen(item);
	　　break;
	　}
	}

5. 重定向

上面描述的每种流程结构在执行到中间部分时,可以用 continue、break 或者 return 语句进行重新定向,以下描述了这些语句。

语　句	描　述
continue;	仅在 for 和 while 中有效。跳出当前迭代,继续进行下一迭代
break;	仅在 for、while 和 switch 语句中有效。跳出当前的 for、while 或者 switch 语句块
return;	退出当前函数或方法

6.2.4　操作符

Flexsim 脚本支持的算术操作符有 +、-、*、/、%(整数求余)。使用算术操作符时要注意,Flexsim 脚本默认所有数字为双精度浮点数,例如数字 5 默认情况下会被解释成浮点数 5.0。

Flexsim 脚本支持的关系操作符有 >、>=、<、<=、==、!=、comparetext( );Flexsim 脚本支持的逻辑操作符有 &&、||、!、min( )、max( );Flexsim 脚本支持的赋值操作符有 =、+=、-=、*=、/=、++、--。

6.2.5　基本建模函数

这里给出 Flexsim 中常用命令(函数)的快捷参考。在以下命令示例中,经常出现参数 current 和 item。变量 current 通常是资源对象触发器中的一个存取变量,表示对当前资源对象的引用。变量 item 通常是资源对象触发器中的一个存取变量,表示所涉及的流动实体(flowitem)的引用。

1. 引用命令

命令(参数列表)	说　明	示　例
first(node)	返回所传递的对象中排序第一的对象的引用	first(current)
last(node)	返回的是所传递的对象中排序倒数第一的对象的引用	last(current)
rank(node,ranknum)	返回的是所传递的对象中某给定排序的对象的引用	rank(current,3)
inobject(object,portnum)	返回的是与所传递的对象的输入端口号相连的对象的引用	inobject(current,1)
outobject(object,portnum)	返回的是与所传递的对象的输出端口号相连的对象的引用	outobject(current,1)
centerobject(object,portnum)	返回的是与所传递的对象的中间端口号相连的对象的引用	centerobject(current,1)
next(node)	返回的是所传递的对象中排序下一个对象的引用	next(item)

2. 对象属性

命令（参数列表）	说　　明
getname(object)	返回对象的名称
setname(object, name)	设定对象的名称
getitemtype(object)	返回对象中流动实体类型的值
setitemtype(object, num)	设定对象中流动实体类型的值
setcolor(object, red, green, blue)	设定对象的颜色
colorred(object) blue,green,white…	设定对象的颜色为红、蓝、绿、白等
setobjectshapeindex (object , indexnum)	设定对象的3D形状
setobjecttextureindex (object , indexnum)	设定对象的3D纹理
setobjectimageindex (object , indexnum)	设定对象的2D纹理，通常只在平面视图中使用

3. 对象空间属性

命令（参数列表）	说　　明
xloc(object) yloc(object) zloc(object)	这些命令返回对象 x、y、z 轴向的位置
setloc(object, xnum, ynum, znum)	此命令设定对象 x、y、z 轴向的位置
xsize(object) ysize(object) zsize(object)	这些命令返回对象 x、y、z 轴向的尺寸大小
setsize(object, xnum, ynum, znum)	此命令设定对象 x、y、z 轴向的尺寸大小
xrot(object) yrot(object) zrot(object)	这些命令返回对象围绕 x、y、z 轴向的旋转角度
setrot(object, xdeg, ydeg, zdeg)	此命令设定对象围绕 x、y、z 轴向的旋转角度

4. 对象统计

命令（参数列表）	说　　明
content(object)	返回对象内部所含对象的数量
getinput(object)	返回对象的输入统计
getoutput(object)	返回对象的输出统计
setstate(object, statenum)	设定对象的当前状态
getstatenum(object)	返回对象的当前状态
getstatestr(object)	以字符串返回对象当前状态
getrank(object)	返回对象的排序
setrank(object, ranknum)	设定对象的排序
getentrytime(object)	返回对象进入到当前所在对象中的时刻
getcreationtime(object)	返回对象的创建时刻

5. 对象标签

命令（参数列表）	说　明
getlabelnum(object, labelname) getlabelnum (object, labelrank)	返回对象的标签值
setlabelnum (object, labelname , value) setlabelnum(object, labelrank , value)	设定对象的标签值
getlabelstr(object, labelname)	获得对象标签的字符串值
setlabelstr (object, labelname , value) setlabelstr(object, labelrank , value)	设定对象标签的字符串值
label (object, labelname) label (object, labelrank)	返回一个作为节点的标签的引用，此命令常用在把标签当作一个表来使用的情况下

6. 表操作

命令（参数列表）	说　明
gettablenum(tablename / tablenode / tablerank, rownum, colnum)	返回表中特定行列的值
settablenum(tablename / tablenode / tablerank, rownum, colnum, value)	设定表中特定行列的值
gettablestr(tablename / tablenode / tablerank, rownum, colnum)	返回表中特定行列的字符串值
settablestr(tablename / tablenode / tablerank, rownum, colnum, value)	设定表中特定行列的字符串值
settablesize(tablename / tablenode / tablerank, rows, columns)	设定表的行列数大小
gettablerows(tablename / tablenode / tablerank)	返回表的行数
gettablecols(tablename / tablenode / tablerank)	返回表的列数
clearglobaltable(tablename / tablenode / tablerank)	将表中所有数字值设为 0

7. 对象控制

命令（参数列表）	说　明
closeinput(object)	关闭对象的输入端口
openinput(object)	重新打开对象的输入端口
closeoutput(object)	关闭对象的输出端口
openoutput(object)	重新打开对象的输出端口
sendmessage(toobject, fromobject, parameter1, parameter2, parameter3)	触发对象的消息触发器
senddelayedmessage(toobject, delaytime, fromobject, parameter1, parameter2, parameter3)	在一段特定时间延迟后触发对象的消息触发器
stopobject(object, downstate)	无论对象在进行什么操作，都令其停止，并进入指定的状态

续表

命令(参数列表)	说　明
resumeobject(object)	使对象恢复其原来的无论什么操作
stopoutput(object)	关闭对象的输出端口,并累计停止输出的请求
resumeoutput(object)	在所有停止输出请求都恢复以后,打开对象的输出端口
stopinput(object)	关闭对象的输入端口,并累计停止输入的请求
resumeinput(object)	在所有停止输入请求都恢复以后,打开对象的输入端口
insertcopy(originalobject, containerobject)	往容器里插入新的对象复制品
moveobject(object, containerobject)	将对象从当前容器移到它的新容器中

8. 对象变量

命令(参数列表)	说　明
getvarnum(object, "variablename")	返回给定名称的变量的数值
setvarnum(object, "variablename", value)	设定给定名称的变量的数值
getvarstr(object, "variablename")	返回给定名称的变量的字符串值
setvarstr(object, "variablename" , string)	设定给定名称的变量的字符串值
getvarnode(object, "variablename")	返回一个节点,作为指向给定名称的变量的引用

9. 提示信息输出

命令(参数列表)	说　明
pt(text string)	向输出控制台打印文本
pf(float value)	向输出控制台打印浮点数值
pd(discrete value)	向输出控制台打印整数数值
pr( )	在输出控制台中建新的一行
msg("title", "caption")	打开一个简单的"是、否、取消"消息框
userinput(targetnode, "prompt")	打开一个可以设定模型节点值的对话框
concat(string1, string2, etc.)	合并两个或多个字符串

10. 其他函数

下面是可能使用到的更多高级函数。这里没有提供参数列表,参见联机帮助可获得更多信息。

数学函数:sqrt( )、pow( )、round( )、frac( )、fmod( )(浮点数取模)。

节点命令:node( )、nodeadddata( )、getdatatype( )、nodetopath( )、nodeinsertinto( )、 nodeinsertafter( )、getnodename( )、setnodename( )、getnodenum( )、getnodestr( )、setnodenum( )、setnodestr( )、inc( )。

数据变换命令：stringtonum( )、numtostring( )、tonum( )、tonode( )、apchar( )。

节点表命令：setsize( )、cellrc( )、nrows( )、ncols( )。

模型运行命令：cmdcompile( )、resetmodel( )、go( )、stop( )。

3D 个性化绘制代码命令：drawtomodelscale( )、drawtoobjectscale( )、drawsphere( )、drawcube( )、drawcylinder( )、drawcolumn( )、drawdisk( )、drawobject( )、drawtext( )、drawrectangle( )、drawline( )、spacerotate( )、spacetranslate( )、spacescale( )。

Excel 命令：excellaunch( )、excelopen( )、excelsetsheet( )、excelreadnum( )、excelreadstr( )、excelwritenum( )、excelwritestr( )、excelimportnode( )、excelimporttable( )、excelclose( )、excelquit( )。

ODBC 命令：dbopen( )、dbclose( )、dbsqlquery( )、dbchangetable( )、dbgetmetrics( )、dbgetfieldname( )、dbgetnumrows( )、dbgetnumcols( )、dbgettablecell( )、dbsettablecell( )。

运动学命令：initkinematics( )、addkinematic( )、getkinematics( )、updatekinematics( )、printkinematics( )。

6.3　Flexsim 树结构

Flexsim 中几乎所有数据都存在一个层次化的树结构中，单击工具栏上的 Tree 按钮，可以调出树结构窗口，如图 6-6 所示，在快速属性窗体显示树的类别有模型树（Model）、主树（Main）、视图树（View），其中最重要的是模型树。图 6-6 显示了模型树结构细节。Flexsim模型中所有对象的信息（包括参数、外观等数据）都存放在这个树结构中。模型开发人员可以在程序中使用各种命令访问或修改树结构中的数据，以实现各种逻辑。

树结构中的节点类型有标准节点 📁 、对象节点 🔧 、属性/变量节点 ⚙ 、C++ 函数节点 C 、FlexScript 函数节点 S 。其中，对象节点下的属性/变量节点中存放的数据是开发者编程时经常要访问的。实际上，在 Flexsim 对象属性窗口中的数据，都对应着树结构中的某个数据节点，高级用户可以直接修改树结构中的数据而无须打开对象属性窗口。

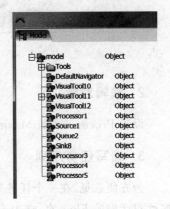

图 6-6　Flexsim 树结构

6.4　任务序列编程基础

任务序列是发送给任务执行器（移动资源）的一串任务组成的序列，任务执行器接收到一个任务序列后，就会依次执行其中的任务。本节将通过一个小教程案例介绍如何编写任务序列。

6.4.1　创建任务序列 1

本节介绍如何从头创建一个基本的任务序列,模型结构如图 6-7 所示。操作员 operator8 从 Queue2 中捡取一个流动实体,将其带到一个检查桌(BasicFR)进行检查,然后将流动实体放入处理器 Processor3。现在要编写一个任务序列让操作员完成所有任务。

1. 建立基本模型

按图 6-7 拖放相关对象到模型中。BasicFR 对象模拟检查台,但其无任何逻辑,其作用就是为操作员提供一个目的地,可以用任何固定资源代替它。按图连好对象,注意 Queue2 先通过"S 连接"连到 Operator8,再通过"S 连接"连到 BasicFR,这样 Queue2 的一号中间端口对应 Operator8。

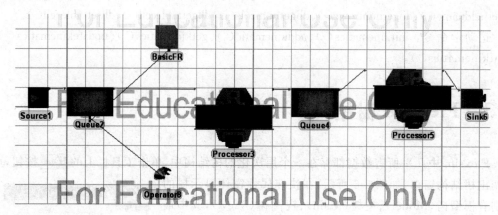

图 6-7　基本模型

2. 编辑对象

设置 Processor3 的 Maximum Content 为 10。设置 Processor5 的 Process Time 为 50。

3. 编写任务序列

为方便起见,在一个任务序列示例模板代码的基础上编写定制任务序列。在 Queue2 属性对话框的 Flow 页,选中 Use Transport 检查框,在 Request Transport From 字段下拉列表框中选择 Task Sequence Example_1,我们将对这个例子任务序列作一些小修改。单击 Request Transport From 字段右边的代码编辑按钮 ▄ 打开代码编辑器,删除其中的 Break 任务那一行,增加一个走到检查台的任务和一个延时 10 秒的任务(表示检查产品,假设时间单位为秒),最终的代码如下:

```
treenode item = parnode(1);
treenode current = ownerobject(c);
int port = parval(2);

treenode dispatcher = centerobject(current,1);    //引用 1 号中间端口的对象做分配器
```

```
double priority = getvarnum(current,"transportpriority");      //读 GUI 上的优先级
int preempting = getvarnum(current,"preempttransport");        //读 GUI 上的先占值

treenode ts = createemptytasksequence(dispatcher,priority,preempting);   //创建空任务序列
                                                               //以下向任务序列插入任务
inserttask(ts,TASKTYPE_TRAVEL,current,NULL);                   //走到本队列
inserttask(ts,TASKTYPE_FRLOAD,item,current,port);              //装载实体
inserttask(ts,TASKTYPE_TRAVEL,centerobject(current,2),NULL);   //走到检查台
inserttask(ts,TASKTYPE_DELAY,NULL,NULL,10,STATE_BUSY);         //延时 10 秒
inserttask(ts,TASKTYPE_TRAVEL,outobject(current,port),NULL);   //走到处理器
inserttask(ts,TASKTYPE_FRUNLOAD,item,outobject(current,port),opipno(current,port));   //卸载实体

dispatchtasksequence(ts);                      //分配任务序列,任务序列将传给分配器
return 0;          //返回 0 表示本对象创建自己的任务序列,而不是使用默认的自动创建的任务序列
```

4．重置并运行模型

重置并运行模型。可以看到操作员行进到 Queue2、装载流动实体、行进到 BasicFR、延迟 10 秒、行进到 Processor3 并卸载流动实体。保存模型,命名为 TS1.fsm,下一节将继续完善本模型。本模型可以参见附书光盘的"bookModel\chapter6\TS1.fsm"。

6.4.2　创建任务序列 2

打开上节建立的模型文件 TS1.fsm,这次让操作员将流动实体卸载到处理器 Processor3 后,还要协助完成加工处理,才能离开,也就是操作员必须等到处理器完成处理后才能离开。

1．增加 Utilize 任务

Utilize 任务让操作员处于使用状态,不能干其他的事情。打开 Queue2 的 Request Transport From 字段的代码窗口,在 dispatchtasksequence(ts)前一行增加 Utilize 任务,最终代码如下:

```
……
inserttask(ts,TASKTYPE_UTILIZE,item,outobject(current,1),STATE_UTILIZE);    //新增的
                                                               //Utilize 任务
dispatchtasksequence(ts);
return 0;
```

如果现在运行模型,我们会发现卸载和加工流动实体之后,操作员将一直停留在处理器旁。这是因为没有执行任何释放操作员的操作。操作员将一直保持被使用(Utilize)的状态直到它被释放。实现释放功能的最好位置是在 Processor3 的加工结束(OnProcessFinish)触发器中。

2．释放操作员

S 连接操作员到 Processor3 的中间端口。然后在 Processor3 的 OnProcessFinish 触发

器下拉列表框中选择 Free Operators,参数 Involved 设为 item,以匹配操作员送来的流动实体,即上一步 TASKTYPE_UTILIZE 任务中引用的 item,如图 6-8 所示。其含义是一旦实体处理完成,OnProcessFinish 触发器就发出 freeoperator( )命令释放操作员。

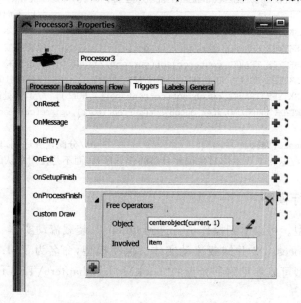

图 6-8　OnProcessFinish 触发器

3. 重置及运行模型

重置并运行模型。可以看到操作员行进到 Queue2、装载流动实体、行进到 BasicFR、延迟 10 秒、行进到 Processor3、卸载流动实体到 Processor3,并且在加工的过程中停留在 Processor3 旁边。

保存模型,命名为 TS2. fsm,下一节将继续完善本模型。本模型可以参见附书光盘的"bookModel\chapter6\TS2. fsm"。

6.4.3　创建任务序列 3

本节继续完善创建任务序列。现在操作员 Operator8 将从 Processor3 上捡取流动实体并搬运到 Queue4 中。打开上一节的模型文件 TS2. fsm。

1. 删除 OnProcessFinish 触发器

由于要向任务序列中增加新任务,应对如何将 Operator8 从 Utilize 任务中释放作些修改。也就是要将 freeoperator( )命令从 OnProcessFinish 触发器移到 Request Transport From 字段的代码中。

打开 Processor3 的属性窗口,转到 Triggers 页,单击 OnProcessFinish 触发器右边的按钮 ✕ 删除该触发器代码。

2．编写 Flow 逻辑

现在要在 Processor3 的 Request Transport From 字段释放 Operator8。在其属性对话框的 Flow 页，选中 Use Trnasport 框，在 Request Transport From 字段下拉列表框中选择 Free Operators 项，使用默认参数即可，该触发器代码将执行 freeoperators( )命令，并返回 0，这个返回值 0 通知 Processor 无须自动创建运输任务序列。

注意，如果不是在某对象的 Request Transport From 字段创建运输任务序列，而是在其他地方创建，那么必须在该对象的 Request Transport From 字段返回 0（return 0），否则可能会发生严重问题。本例中，在 Queue2 中创建任务序列，而我们将在该序列中增加的下一个任务会影响 Processor3 对象原来的运送逻辑，因此要在 Processor3 对象的 Request Transport From 字段返回 0。

3．向任务序列中增加任务

在 Queue2 对象的 Request Transport From 字段代码编辑窗口中，首先用 treenode downQueue = outobject(outobject(current，1)，1)语句增加一个局部变量引用第二个 Queue4，然后再增加若干新任务，主要代码如下（带注释的语句为新增加的）：

```
……
treenode downQueue = outobject(outobject(current,1),1);        //引用 Queue4
treenode ts = createemptytasksequence(dispatcher,priority,preempting);

inserttask(ts,TASKTYPE_TRAVEL,current,NULL);
inserttask(ts,TASKTYPE_FRLOAD,item,current,port);
inserttask(ts,TASKTYPE_TRAVEL,centerobject(current,2),NULL);
inserttask(ts,TASKTYPE_DELAY,NULL,NULL,10,STATE_BUSY);
inserttask(ts,TASKTYPE_TRAVEL,outobject(current,port),NULL);
inserttask(ts,TASKTYPE_FRUNLOAD,item,outobject(current,port),opipno(current,port));
inserttask(ts,TASKTYPE_UTILIZE,item,outobject(current,1),STATE_UTILIZE);
inserttask(ts, TASKTYPE_FRLOAD, item, outobject(current, 1));      //装载实体
inserttask(ts, TASKTYPE_TRAVEL, downQueue, NULL);                 //走到 Queue4
inserttask(ts, TASKTYPE_FRUNLOAD, item, downQueue, 1);            //卸载实体到 Queue4
dispatchtasksequence(ts);
return 0;
```

4．重置运行模型

重置并运行模型。可以看到操作员行进到 Queue2、装载流动实体、行进到 BasicFR、延迟 10 秒、行进到 Processor3、卸载流动实体到 Processor3，Processor3 加工完后操作员再将流动实体运输到第二个 Queue4。本模型可以参见附书光盘的"bookModel\chapter6\TS3.fsm"。

注：本例为什么要将 freeoperators( )命令从 Processor3 的 OnProcessFinish 触发器移到 Request Transport From 字段？这是因为用户编写的任务序列可以覆盖对象的内部逻辑。如果不移动 freeoperators( )命令，那么当 Procrssor3 完成处理时间，而此时下游 Queue4 已满（到达容量限制）时，操作员仍然被释放，Queue2 中的任务序列会继续执行 Utilize 任务的后续任务，让操作员运送流动实体到下游 Queue4，导致下游 Queue4 溢出。

移动 freeoperators( )命令的位置,Processor3 处理时间完成后,只有当下游 Queue4 可以接收实体时,才会触发 Processor3 的 Request Transport From 触发器,这时释放操作员,就可以正常执行后续任务了。

6.5 任务序列详解

1.任务序列概念

一个任务序列就是需要一个任务执行器(包括操作员、运输机、起重机、堆垛机、机器人、升降机和其他可移动资源)按顺序依次执行的一系列任务,示例如下:

P1	P2	Task1	Task2	Task3	Task4	···

其中,P1 为 Priority Value,默认为 0; P2 为 Preempt Value,默认为 0。

每个任务序列都带有一个优先级值和一个先占值。优先级定义了相对其他任务序列而言,执行此任务序列的重要程度,默认情况下,优先级值高的任务序列会先执行。先占值定义该任务序列是否要使其他正在执行的任务序列中断转而执行它。

2.自动创建任务序列

固定资源对象有一种默认机制来创建运输任务序列,选中其属性窗体 Flow 页中的 Use Transport 复选框,就可以使用此默认的功能。处理器还有一个额外的默认机制创建任务序列,用来为预置时间、处理时间等调用操作员,可以在处理器、合成器或分解器的 Processor 或 ProcessTimes 分页选中 Use Operator(s) for Setup 和 Use Operator(s) for Process 复选框启用默认机制自动创建任务序列。

3.运输任务序列

当选中固定资源对象(如一个 Queue)属性窗体 Flow 页中的 Use Transport 复选框,将默认创建如下运输任务序列:

0	0	TRAVEL	FRLOAD	BREAK	TRAVEL	FRUNLOAD

该序列中有两个"行进"类型任务、一个"装载"类型任务、一个"卸载"类型任务和一个"中断"类型任务。当一个任务执行器执行此任务序列时,将按顺序执行每个任务。

(1) 行进到该固定资源对象;

(2) 从固定资源对象装载流动实体;

(3) 中断(BREAK),查看有无其他需要执行的任务序列,若无则继续下步(BREAK 任务详细介绍请参考后面第 10 点);

(4) 行进到目的地对象;

(5) 卸载流动实体到目的地对象。

4．预置和处理任务序列

处理器还有一个默认机制来创建一种特殊的任务序列，即用操作员来执行预置或处理操作。可以在处理器、合成器或分解器的 Processor 或 ProcessTimes 分页选中 Use Operator(s) for Setup 和 Use Operator(s) for Process 复选框启用默认机制自动创建该任务序列。该任务序列大致结构如下：

0	0	TRAVEL	UTILIZE

处理器可以创建此任务序列用来请求一个操作员来处理器站点工作。第一个任务告诉任务执行器行进到站点。第二个任务是"使用"(Utilize)任务类型，它告诉任务执行器进入给定的状态，如"Utilized(被使用)"或"Processing(处理中)"，然后等待直到从此站点被释放。调用 freeoperators( )命令可释放操作员。由于本例处理器自动创建此任务序列，它也自动地处理释放操作员事件，无须用户自己调用 freeoperators( )命令。

但如果用户自己创建预置或处理任务序列，则需要在适当的地方调用 freeoperators( )命令释放操作员，最常见的是在处理器的 OnSetupFinish 或 OnProcessFinish 处调用释放操作员命令。

需要说明的是，创建一个操作员任务序列并不是完全如上面所描述的那样。在实际中，会添加更多的任务。但为了简化起见，只给出上面的示例。参见处理器中的代码样例以及 Flexsim 帮助文档中的 requestoperators( )命令，可以获得更多有关操作员任务序列的信息。

5．任务序列存储和分配机制

在仿真运行中，任务执行器有一个任务序列队列用于缓存任务序列，还有一个激活的任务序列，即它正在执行的任务序列，这些都可在树结构中看到，如图 6-9 所示。

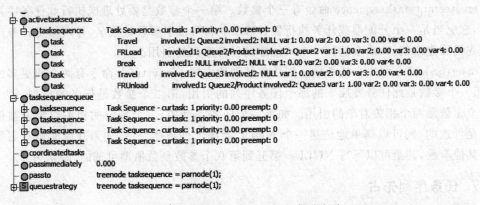

图 6-9　激活任务序列和任务序列队列

而分配器仅有一个任务序列队列，它不能执行任务序列，它将其任务序列队列分配给连接到它的输出端口的任务执行器。分配器的主要作用是可以对其进行设置以确定如何向任务执行器分配任务的分配规则，因此，在复杂的情况下，分配器可以作为调度任务序列的控制中心。

如果联合使用分配器和任务执行器,则默认情况下任务序列会先缓存在分配器的任务序列队列中,当任务执行器可用时,会发送一个任务序列给执行器执行(成为执行器的激活任务序列),当然用户可以对此默认行为进行修改。如果单独使用任务执行器,则任务序列会先缓存在该执行器的任务序列队列中。分配器和任务执行器属性窗体都有QueueStrategy字段,可以设置任务序列队列的排队规则。

一般情况下,任务执行器从任务序列队列中取出一个任务序列使之成为激活任务序列并执行,然后再取下一个任务序列执行。如此重复,直到队列中的所有任务序列都执行完。

6. 定制创建任务序列

用户也可以自己定制创建任务序列,可以使用3个简单的命令创建定制任务序列。

```
createemptytasksequence( )
inserttask( )
dispatchtasksequence( )
```

首先,使用 createemptytasksequence( )创建一个空的任务序列;然后连续使用inserttask( )命令往此任务序列中插入任务;最后使用 dispatchtasksequence( )来分配此任务序列。

下面的例子说明的是一辆叉车行进到一个被"station"引用的对象,然后装载一个被"item"引用的流动实体。

```
treenode ts = createemptytasksequence(forklift, 0 ,0 );
inserttask(ts, TASKTYPE_TRAVEL, station);
inserttask(ts, TASKTYPE_FRLOAD, item, station, 2);
dispatchtasksequence(ts);
```

其中 treenode newtasksequence 创建一个引用或者指针,指向作为一个 Flexsim 节点的任务序列,这样,以后就可以用它向任务序列中添加任务。

createemptytasksequence 命令有三个参数。第一个参数是要处理或执行此任务序列的对象,它应当是一个分配器或任务执行器;第二个和第三个参数是数字,分别指定任务序列的优先级和先占值,该命令返回一个所创建的任务序列的引用。

inserttask 命令将一个任务插入到任务序列的末尾。inserttask 命令有两个或更多的参数,第一个参数是此任务要插入的那个任务序列的引用,第二个参数是任务的类型,第三与第四个参数是两个相关对象的引用。如果一个任务类型中,一个指定的相关对象未被使用或者是可选的,则可以简单地传递一个 NULL 到插入任务命令中,如果其后面没有需要指定的其他参数,甚至可以不写 NULL。第五到第八个参数是数值型可选的,默认为 0。

7. 任务序列先占

每个任务序列都有一个先占值。先占用来中断一个任务执行器当前的操作,转而去执行一个更重要的任务序列。例如操作员 A 最重要的责任是维修机器。然而,当没有机器要维修的时候,他也得运输原料。如果在操作员 A 正在某处运输原料的过程中,有一个机器中断停机,则此操作员不会先完成运输操作,而是停下他正在做的事情去维修机器。要做到这点,需要使用先占任务序列,使操作员从当前操作里中断并被释放出来。

要创建一个先占任务序列，在 createemptytasksequence( )命令中给先占参数指定一个非零值。

```
createemptytasksequence(operator, 0, PREEMPT_ONLY);
```

有四种可能的先占值，这些值告诉任务执行器，在原始任务序列被先占之后要做什么。

0 或 PREEMPT_NOT：此值是无先占。

1 或 PREEMPT_ONLY：此值表示任务执行器收到此任务时，会将当前正在执行的激活任务序列放回到任务序列队列中，一般地，它自动地放在任务序列队列的最前面。当任务执行器最终回到最初的任务序列时，会从其中的当前任务开始执行下去。也可以使用 TASKTYPE_MILESTONE(任务类型_里程碑)任务指定在回到任务序列的时候要完成的一系列任务。此先占值是最常用的参数。

2 或 PREEMPT_AND_ABORT_ACTIVE：此值表示任务执行器将会停止执行当前激活任务序列并销毁它，这样它就不会再回到该原始任务序列。

3 或 PREEMPT_AND_ABORT_ALL：此值表示任务执行器将会停止当前激活任务序列并销毁它，并且销毁任务序列队列中的所有任务序列。

8．多个先占任务序列间交互

如果一个任务执行器当前正在执行一个先占任务序列，而这时接收到一个新的先占任务序列，它将使用任务序列的优先级值来决定首先执行哪一个任务序列。如果新接收到的任务序列的优先级比正在执行的任务序列的优先级更高，那么任务执行器将放弃当前执行的任务序列，转而去执行新的任务序列。如果新接收到的先占任务序列的优先级低于或者等于当前正在执行的任务序列的优先级，则任务执行器不会放弃当前激活任务序列，而是将新接收到的任务序列像其他任务序列一样放入任务序列队列中。如果要对任务序列排队，除非明确地指定排队策略，否则在排队策略中不会考虑先占值。

关于先占任务序列排队的注释：如果一个先占任务序列实际上并没有抢占到任务执行器，那么它就与其他任务序列一样进行排队等待。如果想要将先占任务序列排到队列的前面，则要么使先占任务序列比其他所有的任务序列的优先级更高，要么将先占值纳入排队策略(queue strategy)中进行考虑。

关于分配先占任务序列给分配器的注释：如果给分配器分配一个先占任务序列，除非明确地告诉它，此分配器不会考虑任务序列的先占值。如果将分配器设置为分配给第一个可用的任务执行器，它将照此行事，而不会立即将先占任务序列发送给一个任务执行器。如果想要分配器立即分配先占任务序列，则需要在发送到(Pass To)函数中明确指定这样的逻辑。

9．协同任务序列

协同任务序列(coordinated task sequences)用来完成需要两个或多个任务执行器进行复杂协同的操作，例如可以同步几个并行操作。关于协同任务序列的详细信息请参考 Flexsim 用户手册。

10. 任务类型参考

以下列出 Flexsim 中常用的任务类型和主要参数,其中方括号中的参数是可选参数,详细说明请参考 Flexsim 用户手册。

```
TASKTYPE_LOAD: flowitem, pickup
TASKTYPE_FRLOAD: flowitem, pickup, [outputport]
TASKTYPE_UNLOAD: flowitem, dropoff
TASKTYPE_FRUNLOAD: flowitem, dropoff, [inputport]
TASKTYPE_UTILIZE: involved, station, [state]
TASKTYPE_STOPREQUESTFINISH: stoppedobject, NULL
TASKTYPE_TRAVEL: destination, NULL
TASKTYPE_TRAVELTOLOC: NULL, NULL, xloc, yloc, zloc, [endspeed]
TASKTYPE_TRAVELRELATIVE: NULL, NULL, xloc, yloc, zloc, [endspeed]
TASKTYPE_BREAK: NULL, NULL
TASKTYPE_DELAY: NULL, NULL, delaytime, [state]
TASKTYPE_SENDMESSAGE: receiver, NULL, [param1, param2, param3]
TASKTYPE_MOVEOBJECT: flowitem, container, [port]
TASKTYPE_DESTROYOBJECT: object, NULL
```

除了上面的常用任务类型,以下任务类型在进行高级编程时可能会用到。

```
TASKTYPE_STOPREQUESTBEGIN object to stop, NULL, state, repeat, id, priority
TASKTYPE_PICKOFFSET item, station, x, y, z, end speed
TASKTYPE_PLACEOFFSET item, station, x, y, z, end speed
TASKTYPE_SETNODENUM node to set, NULL, value, increment y/n
TASKTYPE_MILESTONE NULL, NULL, range, N/A, N/A, N/A
TASKTYPE_NODEFUNCTION node, parnode(1), pv(2) *, pv(3) *, pv(4) *, pv(5) *
TASKTYPE_STARTANIMATION object, NULL, animationnr, durationtype, durationvalue
TASKTYPE_STOPANIMATION object, NULL, animationnr
TASKTYPE_FREEOPERATORS object involved
TASKTYPE_TAG
TASKTYPE_CALLSUBTASKS
```

以上任务中 TASKTYPE_LOAD、TASKTYPE_FRLOAD 都是将流动实体从站点装载到任务执行器中。如果从固定资源装载流动实体到任务执行器,那么一般使用 TASKTYPE_FRLOAD 任务类型,这样任务执行器将在移动流动实体前会通报固定资源对象,那个固定资源就可以更新其跟踪数据。类似地,如果从固定资源对象卸载流动实体到执行器,通常使用 TASKTYPE_FRUNLOAD 任务类型。

TASKTYPE_BREAK 任务类型使任务执行器"中断"其当前激活任务序列,转到一个新的任务序列,执行逻辑如图 6-10 所示。

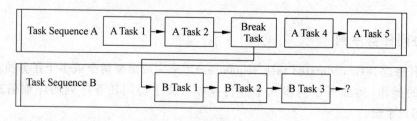

图 6-10　Break 任务执行

　　涉及的实体和变量用来指定如何找到中断后要转向的任务序列。在默认情况下,任务执行器调用它的"Break To"字段的代码,此代码将返回一个任务序列的引用,指向用户想要任务执行器中断转而去执行的任务序列。在"Break To"字段中,可以使用任务序列查询命令对任务执行器的任务序列队列进行搜索,或者,也可以采用 createemptytasksequence(创建空任务序列)命令明确地创建任务序列。如果根本不需要任务执行器中断,则返回 NULL。

6.6　消息编程

　　消息 Message 是从一个实体发送到另一个实体的信息。可以用 sendmessage( )或 senddelayedmessage( )命令发送消息。sendmessage( )是立即发送消息,senddelayedmessage( )是延迟指定时间之后才发送消息。当一个实体接收到消息时,它的 OnMessage 触发器就触发执行。

　　这里用一个例子说明如何进行消息编程。零件要依次经过处理器 1 和处理器 2 的加工,然后离开系统。模型见附书光盘的"bookModel\chapter6\message.fsm",其主界面如图 6-11 所示。这里的关键是处理器 2,它的加工时间是 10 秒。但加工完一个零件后还要 3 秒钟清洗才能接收下一个零件,建模这段清洗时间需要用到消息机制。

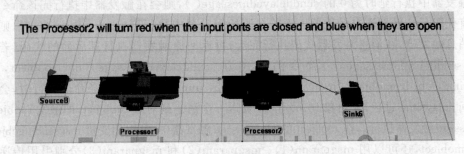

图 6-11　消息模型

　　其主要思想是当零件进入处理器 2 时,发送 1 号消息(由消息参数值标识)给处理器自己,消息触发器关闭处理器 2 的输入端口;当零件加工完离开处理器 2 时,发送延时 3 秒的 2 号消息,在 3 秒后激发消息触发器,由其打开输入端口。其间还要设置机器的状态和颜色,当机器在清洗时要设为 STATE _CLEANING 状态,在清洗完后设为 STATE _IDLE 状态。

　　模型其他参数是零件每隔 10 秒生成一个,处理器 1 的加工时间是 20 秒。模型使用 closeinput 和 openinput 命令关闭和打开端口。

　　处理器 2 的 OnEntry 代码如下:

```
//发送消息,请求关闭输入端口,参数值 1 用来识别此消息
senddelayedmessage(current, 0, current, 1);
```

　　处理器 2 的 OnExit 代码如下:

```
//发送延时消息,3 秒后激活消息触发器,参数值 2 用于识别消息类型
senddelayedmessage(current, 3, current, 2);
setstate(current, STATE_CLEANING);                          //设置机器状态
```

处理器 2 的 OnMessage 消息触发器代码如下：

```
int msgtype = msgparam(1);                          //接收传递来的消息参数,用于识别消息
switch(msgtype)
{
    case 1:
    {
        colorred(current);
        closeinput(current);                        //关闭输入端口
        break;
    }
    case 2:
    {
        colorblue(current);
        setstate(current, STATE_IDLE);
        openinput(current);                         //打开输入端口
        break;
    }
}
```

注意,不要直接从固定资源对象的 OnEntry 和 OnExit 触发器关闭或者打开端口,否则可能出现异常,应该使用消息机制来控制端口开闭。

另外,sendmessage( )和延时参数为 0 的 senddelayedmessage( )命令是有区别的。若在某触发器中执行延时为 0 的 senddelayedmessage( ),则会在触发器中执行完该命令后面的所有代码后才触发消息触发器。而若在原始触发器中执行到 sendmessage( )时,则立即触发消息触发器,在消息触发器代码执行完后,再返回原始触发器执行其后面的代码(若有的话)。senddelayedmessage( )命令的形式为 senddelayedmessage (obj toobject, num delaytime, obj fromobject [num par1, num par2, num par3]),当这条命令执行时,会在延时时间 delaytime 过后,从对象 fromobject 发送一个消息到对象 toobject,即触发 toobject 的 OnMessage 触发器执行。在 toobject 的 OnMessage 触发器中,可以用变量 msgsendingobject 引用 fromobject,还可以用 msgparam(1)、msgparam(2)和 msgparam(3)分别引用传递来的三个数值型参数值 par1、par2 和 par3,当然,这三个数值型参数是可选的。

6.7　习题

1. 在 Flexsim 中,什么是任务序列,任务序列中可能包含哪些任务？
2. 代码字段和触发器字段有何不同？

6.8　实验

1. 任务序列编程

实验目的：学习任务序列编程技术。

实验内容：按照 6.4 节的内容建立三个任务序列模型。

2．拉动逻辑编程

实验目的：学习拉动逻辑编程。

实验内容：根据 6.1 节中描述的组件测试拉动模型例子描述建立组件测试的拉式模型。

3．消息编程

实验目的：学习消息编程机制。

实验内容：参考 6.6 节的内容，编写一个消息模型，使得机器加工完后进行一段清洁工作才能接收下一零件。

第 7 章   模型校核与验证

完成模型构建后,就需要进行模型校核与验证了。7.1 节介绍模型校核的方法,7.2 节介绍模型验证,7.3 节介绍 Flexsim 中模型校核需要用到的调试工具和调试技术。

7.1   模型校核

在模型开发过程中以及完成了工作模型以后,都需要对模型加以校核,并随后予以验证。模型校核(verification)就是考查模型是否按照预先设想的情况运行,是否按照设计的概念模型运行,通俗地讲就是找出模型中的各种语法及逻辑错误。以下列出一些常用的校核方法。

(1) 每建立模型的一个部分,就立刻检验该部分的运行是否正常,以减少以后模型变得过大时检验的复杂性;

(2) 用常量替换随机性的模型数据,消除模型中的不确定因素,然后运行模型考查其运行和输出是否符合预期,因为对确定性模型,能够更容易地预测系统行为;

(3) 输出详细的报告或追踪记录,检查是否符合预期;

(4) 每次只让一种类型的实体进入系统,然后跟踪它,以确定模型的逻辑和数据是否正确;

(5) 将资源数目减少为 1 或 0,看会发生什么;

(6) 生成极少的实体或极多的实体,测试极端条件下模型运行和输出是否正常;

(7) 生成动画,并观察动画运行是否正常。

7.2   模型验证

一旦模型通过校核,就需要对其进行验证了。模型验证(validation)是考查模型的行为是否与真实系统运行一致。

模型的验证需要用户的参与,验证模型的一般方法是收集实际系统的数据输入模型,然后将模型运行的结果和实际系统的结果进行对比,看看是否相符,如果有动画,用户也会通过动画进行部分验证工作。

但是如果实际系统尚不存在,验证就很困难。即使系统已经存在,将模型结果与实际结果进行比较也是一项很艰巨的任务,很少有机构会对实际系统过去的运行情况保存全面而完整的记录,即使有记录,这些记录也可能不够全面,甚至是不准确的。因此,目前模型验证还没有非常完美的方法。虽然我们把校核和验证看作是两个不同的主题或任务,但它们之间的差异其实并不明显。

7.3　Flexsim 调试工具和技术

许多模型校核活动需要用到仿真软件提供的调试(debug)工具对模型或程序进行调试,调试即寻找程序逻辑和语法错误的过程。本节介绍 Flexsim 提供的调试工具以及一些常用的调试技术。

7.3.1　调试要点

调试需要一个有组织、有逻辑的方法,遵循以下的方法将会显著提高调试效率。

(1) 重现 Bug(错误或问题)。通过固定随机数流,即每次运行都从同一随机数流的开始重复产生随机数,可以使得 Bug 在同一时刻以同样的方式出现,便于发现错误。在 Flexsim 中可以通过选择菜单命令 Statistics→Repeat Random Streams 固定随机数流,该菜单项是个开关,再次选择会取消固定随机数流。

(2) 描述 Bug。定义正确的模型行为与观察到的行为间的区别,这有助于判断 Bug 的来源。

(3) 分解解决。确定有 Bug 的区域和没有 Bug 的区域。创建一个有相同 Bug 的简单的模型进行研究和调试,这样模型运行更快,并且在调试过程中考虑更少的变量。

(4) 创造性的思维。Bug 不一定来自于你所认为的区域,因此,头脑不能僵化,有时还要考查模型的其他区域,也许 Bug 来自那里。

(5) 利用调试工具。Flexsim 自带来了多种用于调试仿真模型的工具和功能,在 Debug 菜单下列出了几个工具,如事件日志 Event Log、事件列表 Event List 等,此外还可用代码单步执行功能、设置代码执行断点等方式进行调试。

(6) 学习和共享。通过互联网和其他的建模者学习、分享调试经验。

(7) 利用动画调试。在 3D 动画模式下运行模型有助于调试模型。如果动画运行速度对于调试来说过快的话,可使用 Flexsim 工具栏的速度调节滑块调节动画运行速度。

7.3.2　使用模型单步执行功能和代码单步执行功能

在 Flexsim 工具栏上单击 Step 按钮,可以单步执行模型。每单击 Step 一次,模型向前运行一个事件,通过这种方式可以仔细观察模型运行状况,若同时打开事件列表查看器,就更加容易发现错误。

如果想单步执行程序代码,可以在 Flexsim 的代码编辑器中,在代码行号的左侧空白处单击,向当前的代码行添加一个断点,断点显示为红色椭圆形(再次单击红色断点可将其删除)。运行模型,当带有断点的代码行被执行时,Flexsim 将进入单步调试模式,这时用户可单步执行程序进行调试。

另外,Flexsim 的 Debug 菜单下还有一些工具能够帮助调试模型。

7.3.3　查找对象

如果模型过于庞大,通过肉眼可能很难查找建模对象,选择菜单命令 View→Find Objects,就可以通过对象名称快速找到相关对象。如果要在模型树中搜索文本或数据,可以调出树视图,然后在快速属性窗体执行搜索。

7.4　习题

1. 什么是模型校核? 有哪些常用校核方法?
2. 什么是模型验证? 怎样进行模型验证?

第 8 章 仿真优化

8.1 仿真优化概述

在仿真模型中,一组决策变量的一组特定的取值(如:x1＝3,x2＝5,x3＝7)称为一个解,也称为一个方案(scenario,或称场景)。仿真优化就是由优化软件自动生成不同的方案(或解),并寻找使得目标函数(如利润)最优的方案。Flexsim 内含优化软件 OptQuest,可以自动在解空间搜索模型的优化方案(最优解)。

需要指出的是,OptQuest 采用启发式方法搜索解空间,由于解空间通常非常巨大,因此在指定的时间内,经常只能得到近优解,运行优化程序的时间越长,它找到全局最优解的概率越大(其他仿真优化算法也是如此)。在 Flexsim 中,可在实验管理器(Experimenter)中访问 OptQuest。

8.2 仿真优化的步骤

这里用一个仿真优化的例子来演示 Flexsim 中仿真优化的步骤。本例子模型很简单,某生产线中,原材料(假设无限)被送入第一道工序的机器 Processor1 进行加工(该工序可能有多台机器,即 Maximum Content 大于 1,这是一个决策变量,初始设为 2)。每个零件的加工时间服从均值为 10 分钟的指数分布。加工后的零件放进一排插槽(用 Queue1 表示)中的一个,插槽的数量有限,因为每个插槽是有成本的,插槽数即最大队列长度(Maximum Content)也是决策变量,初始设为 2。然后零件进入一台抛光机 Processor2 进行抛光,抛光时间服从均值为 3 分钟、标准差为 0.1 分钟的正态分布,抛光时间均值也是决策变量,在 Processor2 上建立一个标签(label)polishtime 记录该抛光时间均值,初始设置为 3(分钟)。完成抛光的零件被销售掉。整个仿真运行一个班次的时间是 1000 分钟,为终止型仿真,模型界面如图 8-1 所示。

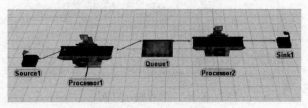

图 8-1　仿真优化模型

我们要研究如何设置第一道工序的机器数、插槽数和抛光时间均值，才能使得运行一个班次后净利润最大（最终模型见附书光盘的"bookModel\chapter8\optimizer.fsm"）。

这里先列出模型的一些假设条件：抛光完成后，每个产品售价 5 美元；对于第一道工序来说，每台机器运行一个班次花费 100 美元；队列中每个插槽运行一个班次消耗 10 美元；抛光机运行一个班次的成本是 5000 美元/（平均抛光时间 * 平均抛光时间）。假设系统还受到一个约束，即第一道工序的机器数＋插槽数<15。

上述模型很容易建立，其中 Processor2 需要建立一个数值类型的标签 polishtime，如图 8-2 所示。

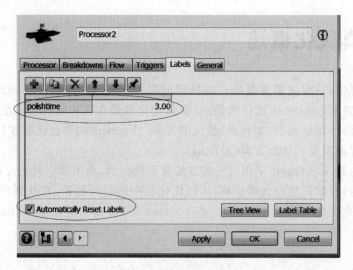

图 8-2　设置标签

Processor2 的处理时间设置如图 8-3 所示，可以看到处理时间（抛光时间）服从正态分布，其均值取自标签值。

图 8-3　处理时间设置

仿真优化步骤如下：

1. 定义目标函数

首先定义目标函数，目标函数的方程形式为

最大利润 = 5 * 售出数 - 100 * 机器数 - 10 * 槽数 - 5000/(平均抛光时间 * 平均抛光时间)

或

$$目标函数\ MaxProfit = 5 * NumShipped - 100 * NumMachines - 10 * NumHoldingSlots - 5000/(PolishTime * PolishTime)$$

2. 定义影响目标函数的变量

（1）决策变量

影响目标函数中的变量有决策变量和输出变量两类，首先要区分这两种变量。决策变量是用户需要优化的变量，其值可事先给定。本例中的决策变量有 NumMachines、NumHoldingSlots、PolishTime。决策变量在实验管理器的方案 Scenarios 页定义（选择菜单命令 Statistics→Experimenter 进入），如图 8-4 所示，注意初始方案 1（Scenario 1）也设定了几个决策变量的初始值。

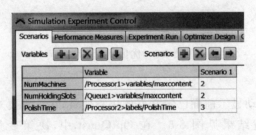

图 8-4 定义决策变量

（2）输出变量（性能指标）

输出变量是反映系统输出的量，也就是性能指标，其值不能事先给定，而是系统运行过程中自动生成的。本例的 NumShipped 就是输出变量，输出变量要在 Experimenter 中定义为性能指标，如图 8-5 所示。

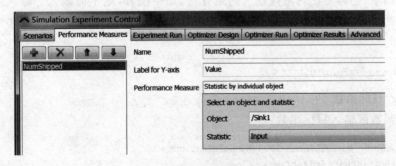

图 8-5 定义输出变量（性能指标）

3．设置决策变量、约束和目标函数

在实验管理器选择 Optimizer Design 页，可以设置决策变量、约束和目标函数，如图 8-6 所示，图中标注了不同区域。

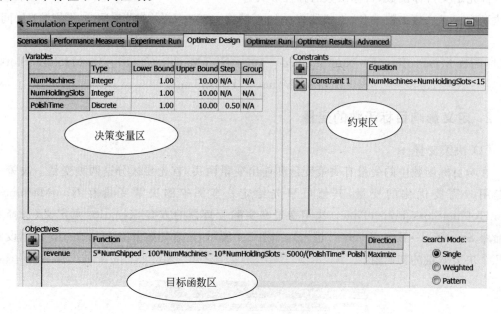

图 8-6　优化模型设计

（1）设置决策变量

在决策变量区会自动显示前面已定义好的决策变量，在这里要对这些变量设置类型、上下界、步长等属性，设置结果见图 8-6。在 OptQuest 中，决策变量的类型有如下几种：Continuous，连续变量；Integer，整数变量；Discrete，离散变量，需要定义步长 Step，如取值为 1.0,1.5,2.0,2.5,…，则 step＝0.5，注意，离散变量不一定为整数；Binary，只能取 0 或 1 的二值变量；Design，变量的取值本质上不代表数字，如 1 表示 red，2 表示 green 等；Permutation，排序变量，变量的取值代表某种排序。

（2）输入约束方程（如果有）

如果有约束，还需要在约束区输入约束方程，如果没有，则不需输入。输入约束方程的方法是单击约束区（Constraints）的 按钮增加约束，然后输入约束方程。这里输入一个约束方程，即

NumMachines + NumHoldingSlots < 15

（3）输入目标函数

在目标函数区输入目标函数：

NumShipped * 5 − NumMachines * 100 − NumHoldingSlots * 10
− 5000/(PolishTime * PolishTime)

可以在首列输入目标函数名称 revenue。方向 Direction 选择最大化 Maximize。

提示：目标函数中不一定要显式出现决策变量，只要上面第(1)步中定义的决策变量

能够影响目标函数值即可(参考 9.1 节库存仿真优化的例子),但目标函数必须包含输出变量。

4．设置优化参数

在 Optimizer Run 页(如图 8-7 所示)设置优化运行参数。先设置仿真运行时间(Run Time)为 1000。对随机仿真,由于优化过程通常是比较每个方案多次重复运行的目标函数的均值,因此要选中 Rum multiple replications per solution 复选框,并选中 Show advanced options 复选框,以下设置都是针对随机仿真。

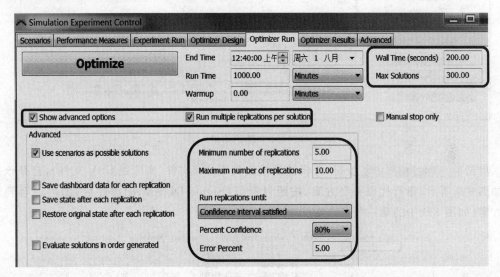

图 8-7　优化参数设置

Wall Time 设置优化搜索的实际最长时限,Max Solutions 设置优化器最多搜索多少个解(方案),这两个限制任何一个到达,就会停止优化搜索过程。在 Run replication until 下拉列表框中设置何时结束一个方案的重复运行,例如若设为 Confidence Interval Satisfied,则当方案运行到目标函数均值的置信区间达到给定置信度下的误差百分比 error percent (指目标函数均值的置信区间半宽/目标函数均值)时,停止重复运行。其暗含的思想是当目标函数的均值达到指定精度时,就停止重复运行,并与以往最佳值进行比较(若比以往最佳值优,则更新以往最佳值。所谓以往最佳值是以往搜索到的最佳的目标函数均值)。

若选择了 Best Solution Outside Confidence,则当方案运行次数达到目标函数均值(在指定置信度和误差的)置信区间不包含以往最佳值时,停止此方案的重复运行。其暗含的思想是当目标函数的均值与以往最佳值有显著区别时,就停止重复运行,并与以往最佳值进行比较。其他设置的含义都是自明的,这里不再赘述。

5．执行优化,观察结果

配置了上述参数后,单击 Optimize 按钮执行优化,就会切换到 Optimizer Results 页,等待模型运行,一直到弹出一条消息告知优化过程结束,这时就可以查看优化结果了,如图 8-8 所示。

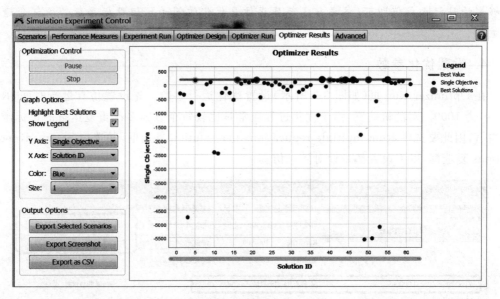

图 8-8　优化结果

单击 Export as CSV 按钮，可将结果输出到 Excel 文件(实际是 CSV 文件)，打开该文件如图 8-9 所示，每行代表一个方案，按照目标值(Single Objective)排序后，即可以看到最佳方案(如图 8-9 中的第一行)。

Solution	Rank	Feasible	Single Objective	Best Iteration	revenue	Total R	STDV - r	Termination	NumMachines	NumHolding	PolishTir	NumShipped
47	1	1	186	47	186.5	10	21.47997	1	1	1	10	69.3
30	2	1	174	47	174.5983	10	28.18589	1	2	3	9.5	92
4	3	1	168	47	168.5983	10	26.33122	1	2	2	9.5	88.8
14	4	1	168	47	168.5983	10	21.95956	1	2	4	9.5	92.8
15	5	1	162	47	162.5983	10	21.36976	1	2	1	9.5	85.6
28	6	1	162	47	162.0983	10	27.00309	1	2	5	9.5	93.5
43	7	1	150	47	150.5983	10	26.95676	1	2	6	9.5	93.2
44	8	1	141	47	141.5983	10	29.07844	1	2	7	9.5	93.4

图 8-9　导出到 Excel

8.3　习题

什么是仿真优化？仿真优化一定能找到问题的最优解吗，为什么？

8.4　实验

仿真优化

实验目的：掌握利用 OptQuest 工具执行仿真优化的方法。

实验内容：按照 8.2 节的内容建立仿真模型并执行仿真优化。注意要自己建立模型，不要用附书光盘上的结果文件。

第 9 章 系统仿真典型应用

9.1 库存系统仿真

9.1.1 库存系统概述

前面我们学习了排队系统的仿真,本节学习另一类常见的离散系统仿真建模,即库存系统仿真建模。库存系统仿真建模时,库存的产品通常不以队列的方式存放,而是以某种方式(如用变量、数组、数据库等)记录产品的数量信息,并根据需求、订货的情况动态修改这些数量信息。(当然,也可以用队列来存放产品,但如果产品数目很多,就比较消耗计算机系统资源。)

库存系统中,销售商库存量的变化是由下游客户的"需求"和向上游供应商的"订货"两个方面因素引起的,销售商由于满足客户的需求,库存量不断减少,为了保证供应,就需要向上游供应商订货来补充库存量。由于需求和订货的不断发生,库存量呈现动态变化。根据需求与订货的规律,可以将库存系统划分为两大类,即确定性库存系统和随机库存系统。

在确定性库存系统中,需求量是确定性的,需求发生时间也是确定性的,同时,订货量与订货发生时间是确定性的,且从订货到货物入库的时间都是确定性的。

而随机库存系统比确定性库存系统要复杂得多,需求发生的时间、每次需求量、订货时间、每次订货量都可能是随机的,从订货到货物到达的订货提前期也可能是随机的,这种情况下一般只有通过仿真才有可能进行较深入的研究。

库存系统的研究目的一般是要确定或比较各种订货策略,包括在不同的需求情况下,何时订货,订多少货,以及最优订货点的确定等。

评价订货策略的优劣一般采用"费用"高低来衡量,最常考虑的费用包括:

(1) 保管费:包括仓库、设备、人力、货物保存、损坏变质等费用支出,一般可折算成每件每日费用或每件每月费用。

(2) 订货费:可能包括订货手续费、运费、管理费等。

(3) 缺货损失费:由于缺货失去销售机会的损失。

以下介绍一个用 Flexsim 建模的库存系统仿真模型。

9.1.2 (s,S)库存系统仿真

1. 系统描述

ABC 销售公司向客户销售单一产品 A,公司希望了解系统运行 $T=120$ 天的平均每天

总运作成本的情况。公司起初的初始库存量为 60 件(这是近似稳态的一个库存量)。本案例仿真的时间单位为天(本案例假设公司日夜运作,实际上一天也可以代表 8 小时的工作日)。

定义 $I(t)$ 为时刻 t(单位为天)的理论库存量(也称为库存水平),其值随顾客需求而减少,随订货到达而增加,因此它有可能取得负值(表示缺货的状态)。

定义 $I_1(t)$ 为时刻 t 的实际物理库存量,因此 $I_1(t)=Max(I(t),0)$。

定义 $I_2(t)$ 为时刻 t 的缺货库存量,即未满足的顾客需求,因此 $I_2(t)=Max(-I(t),0)$。

顾客需求到达间隔时间服从均值为 0.1 天的指数分布,且第一个顾客需求不在时刻 0 到达,而是在 0 时刻之后的一个间隔时间后到达。

顾客需求量为 1、2、3 和 4 件产品的概率分别为 0.167、0.333、0.333 和 0.167。

储存成本为每天每件 1 美元,缺货成本为每天每件 5 美元。

销售公司的订货策略是这样的:在每天开始时(包括第 1 天开始时的 0 时刻),ABC 销售公司会检查自己的库存水平,检查库存的时刻为 $t=0,1,\cdots,119$。注意,$t=119$ 的时刻就是第 120 天的开始时刻,这是最后一次检查库存(也就是说 $t=120$ 时不再查库,因为那已经是第 121 天的开始时刻,超出系统研究的时间范围了)。如果检查到库存水平(可以为正或负)已经小于订货点 s(即 $I(t)<s$,假定 $s=20$),则公司将发出订货订单,订购量为 $Z=S-I(t)$,其中 S 是公司设定的最大库存,取 40。采用此种订货策略的系统通常称为 (s,S) 库存模型。

把从下订单到所订货物达到入库这段时间称为订货提前期,该提前期服从 0.5~1 天的均匀分布。所以当订货到达时,库存水平 $I(t)$ 将增加所订货物的数量;但是,如果在订单下达后有新的需求发生,则在订货最终到达前,库存水平将是一个小于 S 的值。

如果当前库存能满足一个顾客的需求,则该顾客就会得到所有需求量并离开,相应地,$I(t)$ 会扣减该需求量。但是如果当前库存水平低于顾客的需求量,则顾客取完现有的全部剩余产品(有可能此时一件产品都没有),余下不足部分即为缺货库存量。这种情况发生时,当前库存水平 $I(t)$ 也要减去全部顾客需求(包括未满足的需求),扣减后的库存水平 $I(t)$ 为负值,反映了缺货数量,虽然这没有什么物理意义,但却是种很方便的会计技巧,可以用它方便地推导 $I_1(t)$ 和 $I_2(t)$。当库存补充后,首先满足缺货库存,即满足这些已订货物但缺货的顾客需求。

另外,还假定未满足需求的顾客会一直等下去,且不取消他们的需求。如果库存水平已经为负值了,而此时还有更多的顾客需求,则直接把需求量变负加到库存水平上。

公司想了解这个系统运行 120 天的平均每天总运作成本,该成本由如下 3 个部分组成。

(1) 平均每天订货成本(average ordering cost per day)

每订货一次的成本是:
$$\text{Setup Cost} + \text{Incremental Cost} \times Z = 32 + 3 \times Z$$

其中,Setup Cost 是固定的订货附加费,与订量无关,Incremental Cost 是每件订货成本,Z 是订货量。在这个模型中,Incremental Cost 不是向供应商订购的产品价格,而是 ABC 公司向供应商每订一件产品的管理成本(在这个模型中不考虑价格)。在 120 天仿真结束时,所有累计的订货成本除以 $T=120$ 天,即得到平均每天订货成本。

（2）平均每天储存成本（average holding cost per day）

无论什么时候，只要库存中有实际的产品（也就是说，$I(t)>0$），则储存成本为每天每件 1 美元。因此平均每天储存成本为

$$1\times\frac{\int_0^{120}\max(I(t),0)\mathrm{d}t}{T}=1\times\frac{\int_0^{120}1\times I_1(t)\mathrm{d}t}{T}$$

注意，这实际上是 1 乘以 $I_1(t)$ 的时间加权平均数，即 1 乘以平均实际库物理存量。

（3）平均每天缺货成本（average shortage cost per day）

无论什么时候，只要存在未交付订货（也就是说，$I(t)<0$），则缺货成本为每天每件 5 美元，比持有正的库存的成本更高。因此总的缺货成本为

$$5\times\frac{\int_0^{120}\max(-I(t),0)\mathrm{d}t}{T}=5\times\frac{\int_0^{120}I_2(t)\mathrm{d}t}{T}$$

注意，这实际上是 5 乘以 $I_2(t)$ 的时间加权平均数，即 5 乘以平均缺货库存量。

现在，需要通过仿真统计出平均每天总运作成本（average total cost）＝平均每天订货成本＋平均每天储存成本＋平均每天缺货成本。

2. 仿真模型

本仿真模型见光盘中的"bookModel\chapter9\inventory.fsm"。本仿真明显是一个非终止型仿真，但是，由于初始状态（60 件初始库存，无未交货订单等）接近稳态，因此不设预热期。时间单位约定为"天"。

模型主要包括数据存储与数据初始化、顾客需求处理、查库与订货处理、性能指标计算四大功能，完成这四大功能后即可进行实验运行和仿真优化，模型结构如图 9-1 所示。SourceDemand 是一个 Source 对象，它生成顾客需求，并根据需求更新库存（在 OnExit 触发器中有相关逻辑）。SourceInventoryChecker 也是一个 Source 对象，它定期生成库存检查指令，并执行相关处理逻辑（如判断是否需要订货、发出采购订单、到货后更新库存等，在 OnExit 和 OnMessage 中有相关处理逻辑）。

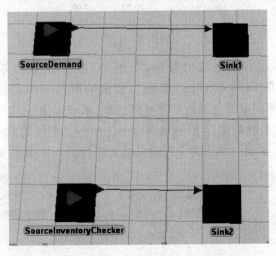

图 9-1 库存系统模型

（1）数据存储与数据初始化

首先分析模型的数据存储结构，本例主要运用 Flexsim 中的全局表（Global Table）和全局变量（Global Variable）来存储数据。

本例要创建三张全局表：input 表用于存放输入数据，DemandProbability 表用于存放需求量的经验分布表，output 表存放几个输出数据。首先创建 input 表存放一些基本输入参数，选择菜单命令 View→Toolbox 调出工具箱，在工具箱中单击 ![按钮] 按钮，选择 Global Table 即可创建一个全局表，双击该表，按照图 9-2 进行设置，注意不要选中 Clear on Reset 复选框，否则在重置模型时会将表格中所有数据清零。表中 LeadTime 表示订货提前期，该行的值是字符串类型，因此先要右击该值单元格，在弹出的快捷菜单中选择 Assign String Data 命令，再输入均匀分布函数 uniform(0.5,1,0) 即可。

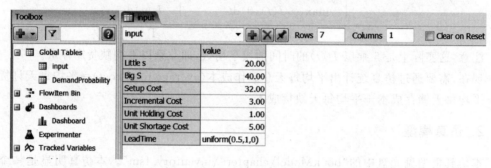

图 9-2　input 表

再增加一个 DemandProbability 表用于存放需求量的经验分布表，如图 9-3 所示，也不要选中 Clear on Reset 复选框。注意表中概率列是概率乘以 100 后的数据。

DemandProbability	probability	value
Row 1	16.70	1.00
Row 2	33.30	2.00
Row 3	33.30	3.00
Row 4	16.70	4.00

图 9-3　需求量的经验分布表

增加 output 表存放一部分输出数据，如图 9-4 所示。该表第 1 行定义物理库存 PhysicalStock 的当前值 current value，取得当前值的时间 time，而 sum by time 是累加 PhysicalStock 历史上不同取值与该值持续时间的积，求 sum by time 的目的是为了方便计算平均物理库存，也就是物理库存 PhysicalStock 的时间加权平均数，该平均数就是第 4 列 time-weighted average 的值。该表第 2 行定义缺货库存 Stockout 的类似信息。

output	current value	time	sum by time	time-weighted average
PhysicalStock	60.00	0.00	0.00	0.00
Stockout	0.00	0.00	0.00	0.00

图 9-4　output 表

在 ToolBox 的 OnModelReset 触发器代码窗口输入初始化 output 表的代码,如下:

```
settablenum("output",1,1,60);    //初始化物理库存 PhysicalStock 当前值
settablenum("output",1,2,0);     //初始化物理库存取得当前值的时间
settablenum("output",1,3,0);     //初始化 sum by time
settablenum("output",1,4,0);     //初始化物理库存的 time-weighted average


settablenum("output",2,1,0);     //初始化缺货库存 Stockout 当前值
settablenum("output",2,2,0);     //初始化缺货库存取得当前值的时间
settablenum("output",2,3,0);     //初始化 sum by time
settablenum("output",2,4,0);     //初始化缺货库存的 time-weighted average
```

还有一部分输出数据存放在 3 个全局变量中,增加全局变量的方式是在工具箱 ToolBox 中单击 按钮,选择 Modeling Logic→Global Variable 选项。增加以下 3 个全局变量:TotalOrderingCost(类型选 Double)是累加所有订货费用的累加变量,初值为 0; InventoryLevel(类型选 Integer)是当前理论库存水平(可为正数、零或负数),初值设置为 60,如图 9-5 所示;AverageTotalCost(类型选 Double)是平均每日运作总成本,它是反映系统最终成本的量,初值为 0。(注:定义全局变量时设置的初始值在程序执行过程中不会发生变化,无须用代码进行初始化,但其实际值在程序运行过程中是可以变化的,可以用 pd( ) 或 pf( )命令在程序执行过程中输出查看其值变化的情况。)

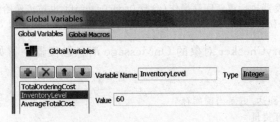

图 9-5　定义全局变量

还有两个参数,即顾客需求到达的间隔时间 exponential(0,0.1,0)、查库间隔时间(常数 1 天),分别在模型对象 SourceDemand 和 SourceInventoryChecker 中直接设置。

(2) 顾客需求处理

顾客需求处理部分处理顾客需求,其主要逻辑由 SourceDemand 对象实现。 SourceDemand 对象按照 exponential(0,0.1,1)时间间隔生成顾客需求实体,在该对象的对话框中,不要选中 Arrive at time 0 复选框,这样可以保证第 1 个需求不会在仿真开始时刻创建。对顾客需求的处理逻辑在其 OnExit 触发器中实现,在 OnExit 触发器中输入如下语句,这些语句根据顾客需求动态维护各种库存数量。

```
InventoryLevel = InventoryLevel-dempirical("DemandProbability");  //更新当前理论库存

//更新物理库存的 sum by time
inc(gettablecell("output", 1,3),gettablenum("output",1,1) * (time-gettablenum("output",1,2)));
settablenum("output", 1,4, gettablenum("output",1,3)/time);  //更新物理库存的时间加权平均数
settablenum("output", 1, 1, maxof(0, InventoryLevel));       //更新物理库存当前值
settablenum("output", 1, 2, time);                           //更新物理库存取得当前值的时间
```

```
//更新缺货库存的 sum by time
inc(gettablecell("output", 2,3),gettablenum("output",2,1) * (time - gettablenum("output",2,2)));
settablenum("output", 2,4, gettablenum("output",2,3)/time);    //更新缺货库存的时间加权平均数
settablenum("output", 2, 1, maxof(0, - InventoryLevel));       //更新缺货库存当前值
settablenum("output", 2, 2, time);                             //更新缺货库存取得当前值的时间
```

(3) 查库与订货处理

查库与订货处理部分定期(每天)检查库存,并根据库存状况订货,主要逻辑由 SourceInventoryChecker 对象实现。SourceInventoryChecker 对象每天生成一个库存检查员实体(代表一个查库指令),在 SourceInventoryChecker 对象属性对话框中要选中 Arrive at time 0 复选框,这样可以保证第1个查库实体在仿真开始时刻创建。查库与订货处理逻辑主要在其 OnExit 和 OnMessage 触发器实现,OnExit 触发器代码如下:

```
// 如果 InventoryLevel < Little_s and Days < 119.5,则进行订货处理
if(InventoryLevel < gettablenum("input",1,1) && time( )< 119.5 )
{ //订购数量 = Big S - InventoryLevel
double OrderQuantity = gettablenum("input",2,1) - InventoryLevel;

//更新总订货成本 Setup Cost + Incremental Cost * OrderQuantity
TotalOrderingCost = TotalOrderingCost + gettablenum("input",3,1) +
                    gettablenum("input",4,1) * OrderQuantity;
//发送延时消息,第2个参数就是将提前期作为延时长度,提前期延时到后消息发送,
//就会触发消息触发器执行更新库存操作(参数 OrderQuantity 也被传递给触发器)
senddelayedmessage(current, executetablecell("input",7,1), current, OrderQuantity); }
```

在 SourceInventoryChecker 对象的 OnMessage 消息触发器中有如下代码,用于在提前期到后更新库存:

```
//提前期结束,订货到达,更新当前库存
//从1号参数取得订货量
double OrderQuantity = msgparam(1);
InventoryLevel = InventoryLevel + OrderQuantity; //更新当前理论库存

inc(gettablecell("output", 1,3),gettablenum("output",1,1) * (time - gettablenum("output",1,2)));
                                                               //更新物理库存的 sum by time
settablenum("output", 1,4, gettablenum("output",1,3)/time);    //更新物理库存的时间加权平均数
settablenum("output", 1, 1, maxof(0, InventoryLevel));         //更新物理库存当前值
settablenum("output", 1, 2, time);                             //更新物理库存取得当前值的时间

inc(gettablecell("output", 2,3),gettablenum("output",2,1) * (time - gettablenum("output",2,2)));
                                                               //更新缺货库存的 sum by time
settablenum("output", 2,4, gettablenum("output",2,3)/time);    //更新缺货库存的时间加权平均数
settablenum("output", 2, 1, maxof(0, - InventoryLevel));       //更新缺货库存当前值
settablenum("output", 2, 2, time);                             //更新缺货库存取得当前值的时间
```

(4) 性能指标计算

工具箱 ToolBox 中的 OnRunStop 触发器在每次运行模型结束时触发执行,因此可以在这里计算最终的性能指标,即平均每天总运作成本 AverageTotalCost,代码如下:

```
//更新物理库存的 sum by time
```

```
inc(gettablecell("output", 1,3),gettablenum("output",1,1) * (time - gettablenum("output",1,
2))); settablenum("output", 1, 4, gettablenum("output",1,3)/time);
```
　　　　　　　　　　　　　　　　　　　　　　　//更新物理库存的时间加权平均数
　　　　　　　　　　　　　　　　　　　　　　　//更新缺货库存的 sum by time
```
inc(gettablecell("output", 2,3),gettablenum("output",2,1) * (time - gettablenum("output",2,
2))); settablenum("output", 2, 4, gettablenum("output",2,3)/time);
```
　　　　　　　　　　　　　　　　　　　　　　　//更新缺货库存的时间加权平均数

```
AverageTotalCost = TotalOrderingCost/ time                //平均订货成本
+ gettablenum("input",5,1) * gettablenum("output",1,4)    //平均持有成本
+ gettablenum("input",6,1) * gettablenum("output",2,4) ;  //平均缺货成本
```

（5）实验运行

在仿真实验管理器中定义性能指标平均每天总运作成本 avgTotalCost，如图 9-6 所示，在 Performance Measure 字段直接输入全局变量名 AverageTotalCost 即可。

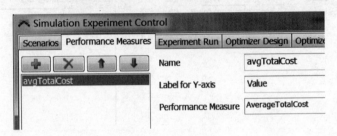

图 9-6　定义性能指标

设置仿真运行次数为 25 次，运行结束时间为 120 天，运行模型，运行结束后即可查看平均每天总运作成本的均值和置信区间，如图 9-7 所示。

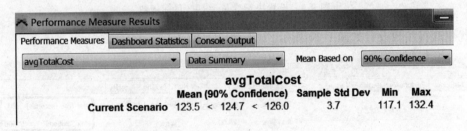

图 9-7　平均每天运作总成本输出结果

（6）仿真优化

为了让系统自动找到最优的 (s,S) 参数，使目标函数最小，可以进一步执行仿真优化。假设 s 取 $1\sim99$ 的整数，S 取 $2\sim100$ 的整数，并有约束 $s<S$，则目标函数可表示为

$$目标函数 = avgTotalCost$$

这个目标函数中虽然并未显性出现决策变量 (s,S)，只有输出变量 avgTotalCost，但实际上，决策变量 (s,S) 会影响目标函数。在实验管理器中定义两个决策变量 LittleS 和 BigS，如图 9-8 所示，取值分别来自 input 表的第 1 行和第 2 行的第 1 列单元格。输出变量 avgTotalCost 前面已定义为性能指标，无须再定义。

决策变量、约束、目标函数的设置如图 9-9 所示。

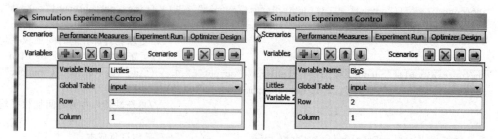

图 9-8　定义决策变量

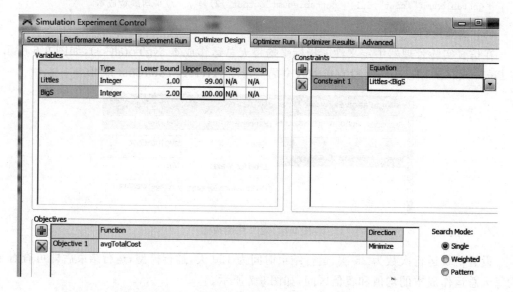

图 9-9　设置决策变量、约束、目标函数

优化运行参数设置如图 9-10 所示。

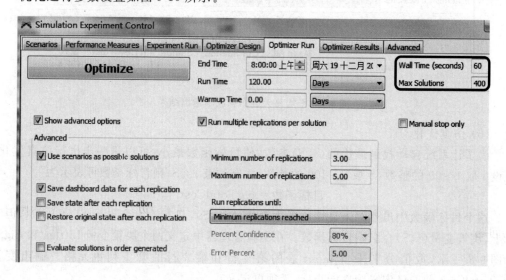

图 9-10　设置优化运行参数

设置好后单击 Optimize 按钮执行优化搜索,最终得到的结果可以导入 CSV 文件,并可用 Excel 打开,按目标排序后的结果如图 9-11 所示,可以看到,前 3 个解(方案)的目标函数都最小。

	A	B	C	D	E	F	G	H	I	J	K
1	Solut	Rank	Feasible	Single Objective	Best I	Objective	Total	ISTDV - C	Termina	Littles	BigS
2	126	1	1	1	115	126	115.8281	3	1.47244	1	27	59
3	133	2	1	1	115	126	115.9551	3	2.25647	1	25	61
4	156	3	1	1	115	126	115.9915	3	1.39785	1	28	60
5	71	23	1	1	116	126	116.8717	3	1.31518	1	19	64
6	84	20	1	1	116	126	116.716	3	0.42896	1	28	58
7	88	12	1	1	116	126	116.3322	3	1.45989	1	20	68
8	92	21	1	1	116	126	116.8125	3	2.09878	1	20	56
9	93	17	1	1	116	126	116.6482	3	1.0919	1	21	66
10	94	7	1	1	116	126	116.15	3	0.77733	1	27	58
11	97	9	1	1	116	126	116.2519	3	2.38381	1	27	63
12	100	10	1	1	116	126	116.2753	3	0.76059	1	28	59

图 9-11　优化结果输出

9.2　系统仿真在集装箱码头堆场闸口规划中的应用

9.2.1　概述

本节介绍系统仿真技术在辅助集装箱码头闸口规划中的应用,材料来源于文献(秦天保等,2009)。集装箱码头闸口(大门)是集装箱卡车进出堆场的接口,它由多个车道和对应的检查点组成。当集卡进出闸口时,要在闸口检查点进行箱检、过磅、交换数据等处理,然后才能进出闸口。闸口分为进闸口和出闸口,分别用于集卡进入和离开堆场。

随着近年来集装箱货运量的大幅增加,许多港口出现了闸口处车辆排长队的拥挤现象,不仅严重影响集疏运秩序,增加安全隐患,而且造成了客户的普遍不满。因此,在新的集装箱码头规划中,闸口规划得到越来越多的重视。集装箱码头闸口规划的重点是要确定在满足码头集卡车流需求,提供合理的客户服务水平的情况下,最少应该设置多少车道(以及对应的检查点)以使得闸口建设的总投资最少。

现有的集装箱码头规划仿真研究主要集中在前沿泊位与堆场的装卸、运输资源利用方面,Pietro 等(2008)利用离散时间仿真研究前言集装箱装卸优化问题。Gi-Tae Yeo 等(2007)应用 AWE-SIM 仿真程序研究釜山港港口拥挤与改善问题。Lee 等(2007)通过仿真研究了采用集卡实时定位技术对堆场集卡调度进行动态规划的后果。Jung 等(2006)通过仿真研究了堆场场桥调度优化问题。尚晶等(2006)进行了集装箱码头集卡调度策略的仿真研究。辜勇等(2007)仿真研究了集装箱码头堆场系统的运作流程。张涛(2007)等应用仿真方法研究了集装箱堆场资源配置优化问题。仅有少数文献专门仿真研究集装箱码头闸口规划问题,如于越等(2007)利用仿真技术对集装箱堆场闸口规划优化问题进行了研究。

目前,在集装箱码头闸口规划实践中,对闸口车道数的规划主要采用解析公式确定,最常见的是交通部《海港总平面设计规范》提出的公式。但是仅仅根据该公式确定闸口车道数,规划人员和决策者无法考查集卡随机到达,闸口检查时间随机变化的情况下,车辆的排队等待情况,因此,就无法事先确定对集卡的服务水平,也无法确定闸口处为集卡预留的排队空间(缓冲区)是否足够,这对提升客户满意度和合理设计闸口缓冲区长度是非常不利的。而采用计算机仿真技术(这里是离散系统仿真),能够检验在不同车道配置下集卡的排队等待情况,从而有助于确定最佳闸口车道数以及合理的缓冲区长度。

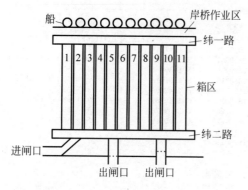

图 9-12　集装箱码头堆场平面布局

本节将以某大港的集装箱码头闸口规划为例,说明如何运用计算机仿真技术辅助集装箱码头闸口规划,采用的仿真软件平台是纯 3D 的虚拟现实仿真软件 Flexsim。该规划中的集装箱码头堆场平面布局如图 9-12 所示,可以看出,该堆场设计了一个进闸口和两个出闸口。在初始设计中,根据《海港总平面设计规范》提出的公式初步计算进闸口设置 30 个车道,中间出闸口设置 16 个通道,右侧出闸口设置 12 个通道。

现在,港方想知道初始的闸口设计能否满足港方设定的性能指标,即在高峰时段,进闸口和出闸口每车道平均排队长度、每车道最大排队长度,车辆平均等待时间、最大等待时间,车辆在不同等待时间的分布比例是否符合港方设定的范围。此外,港方也想通过 3D 虚拟现实仿真可视化地观察闸口处为车辆排队预留的缓冲区空间是否足够。

为此,利用 Flexsim 开发了针对该码头规划的集装箱码头堆场运作仿真系统。本系统虽然重点是研究闸口处的车流情况,但由于出闸口处的车流会受堆场箱区布局、堆场场桥装卸效率、内卡和外卡争用场桥等多种因素影响,实际上要建立整个集装箱码头堆场的模型(该模型还用于堆场内车流仿真以评估堆场内道路规划的合理性,但本节仅讨论闸口规划)。

9.2.2　系统体系结构

利用 Flexsim 软件开发的集装箱码头仿真系统的体系结构如图 9-13 所示,系统由用户界面、存储系统和模型 3 部分组成。

1. 用户界面

用户界面由若干窗体组成,主要负责和用户交互。可进一步分类为输入界面、输出界面和控制界面。输入界面用于向系统输入各项输入参数,输入的参数存入系统的存储系统。控制界面用于控制模型运行,包括启动模型、调节运行速度等。

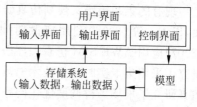

图 9-13　系统体系结构

2. 模型

模型是系统的主体,它运行后产生的输出数据也存于存储系统中,并可以通过输出界面显示给用户。该模型模拟的流程包括外卡集疏运和堆场装卸流程、内卡岸边装卸和堆场装卸流程。其中内卡岸边装卸和堆场装卸流程包括内卡在岸边和堆场箱区循环行驶以及在两处分别执行的装卸作业。而外卡集疏运和堆场装卸流程如图 9-14 所示。

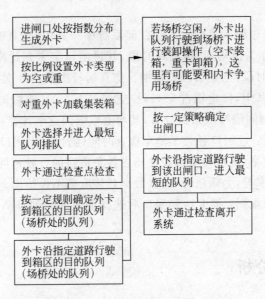

图 9-14　外卡集疏运和堆场装卸流程

集装箱码头系统的主要建模元素有集装箱、集卡（外卡、内卡）、岸桥、场桥、道路、闸口检查点、队列（包括闸口处、岸桥处、场桥处的集卡排队队列）。一些起装饰作用的辅助建模元素包括海、集装箱船、堆场箱区。这些建模元素与 Flexsim 建模构件的对应关系如表 9-1 所示。

表 9-1　系统元素与 Flexsim 构件对照表

系统元素		Flexsim 建模构件
流动实体	集装箱	FlowItem
	外卡	TaskExecuterFlowItem
	内卡	TaskExecuterFlowItem
移动资源	场桥	TaskExecuter
	岸桥	TaskExecuter
固定资源	道路	NetworkNode
	闸口检查点	Processor
	闸口前的队列, 岸桥下的队列, 场桥下的队列	Queue
可视化装饰物	海、船、箱区等	VisualTool

3. 存储系统

存储系统由 Flexsim 内部提供的全局表组成，用于存放各种输入输出数据。当然，该存储系统也可以用外部数据库替代。

9.2.3 输入参数设定

系统的输入参数通过输入界面输入到存储系统中。其中,仿真时间长度:18000秒,即5小时,其中第1小时作为预热期,属低峰时段,其进闸口集卡到达率设为高峰时段的三分之二,后4小时是高峰时段,也是数据收集期。仿真运行次数:10次。重车空车比例:重车占50%,空车占50%(其中,拉重箱占53%,拉空箱占47%)。高峰时段进闸口集卡到达率:3400辆/小时,到达时间间隔服从指数分布,其均值根据到达率计算得出,为1.06秒。

其他主要参数包括:进闸口各类车单车检查时间(随机)、出闸口单车检查时间(随机)、堆场轨道吊场桥装卸效率(随机)、集卡在堆场内各条道路的行驶速度、每个箱区分配轨道吊场桥数量、岸桥装卸效率等,为简洁计,这些数据具体取值不再给出。

集卡进出闸口排队规则:集卡达到闸口后选择最短的队列排队,然后进入该队列所对应的检查点接受检查。

9.2.4 结果分析

1. 进闸口仿真结果

通过10次仿真运行,每次运行5小时后,得到性能指标统计结果如表9-2所示。

表 9-2 进闸口性能指标统计结果

绩 效 指 标	均 值	90%置信区间	最小值	最大值
每通道平均排队车辆数/辆	5.07	4.45～5.68	3.70	6.36
每通道最大排队车辆数/辆	12.20	11.15～13.25	10.00	16.00
单车平均等待时间/秒	193.96(3.23分钟)	169.31～218.61	139.91	247.78
单车最长等待时间/秒	413.24(6.89分钟)	377.22～449.25	339.53	560.75
等待时间0～3分钟的车辆占比	0.49	0.40～0.58	0.27	0.70
等待时间3～6分钟的车辆占比	0.43	0.35～0.51	0.26	0.70
等待时间6～9分钟的车辆占比	0.08	0.02～0.14	0.00	0.29
等待时间大于9分钟的车辆占比	0.00	−0.00～0.00	0.00	0.01

从表9-2的排队长度来看,在高峰时段,每通道平均等待车辆数的均值(5.07辆/道)和最大等待车辆数均值(12.20辆/道)虽然略为偏高,但尚属合理范围,考虑到未来闸口检查时间的效率由于新技术的采用会进一步提高,排队长度有可能降低。

此外,由于进闸口处车辆等待缓冲区位于堆场外侧,有足够的空间长度供等待车辆排队占用,因此从车辆排队长度指标看,目前进闸口设计30个检查通道是可行的。

从等待时间看,在高峰时段,单车平均等待时间均值(3.23分钟)和单车最大等待时间均值(6.89分钟)属合理范围,因此从车辆等待时间指标看,目前进闸口设计30个检查通道也是可行的。

从不同等待时段的车辆比例看,在高峰时段,车辆等待时间在0～3分钟的占49%,在3～6分钟的占43%,在6～9分钟的占8%,超过9分钟的占比为0,等待时间分布较合理,因此 30 检查通道的方案是可行的。另外,通过与港方交流,港方也认为表 9-2 所示的性能指标结果能够满足要求,因而确认了进闸口设置 30 个车道的初始设计方案。

2．出闸口仿真结果

出闸口的情况比较复杂,因为有两个出闸口,车辆在两个出闸口不同的调度分配比例会导致两个出闸口全然不同的排队拥挤程度,此外出闸口处的车辆等待缓冲区设在堆场内部,因此对车辆排队长度更加敏感。为此,考虑设计两套实验方案。

(1) 实验方案 1:合理调配方案

本方案假设对集卡的调度非常合理和完美,使得集卡总是能够选择两个出闸口中最短的队列排队(也就是假设集卡能够把两个出闸口当作一个闸口来看待)。此方案的目的是要考察两个出闸口总车道数(初始设计是 28 条)是否能够满足要求。仿真结果如表 9-3所示。

表 9-3　实验方案 1 仿真结果

绩 效 指 标	均　　值	90％置信区间	最小值	最大值
每通道平均排队车辆数/辆	3.67	3.17~4.18	2.36	5.03
每通道最大排队车辆数/辆	8.80	7.55~10.05	6.00	12.00
单车平均等待时间/秒	132.32(2.21分钟)	114.04~150.61	81.31	180.38
单车最长等待时间/秒	292.42(4.87分钟)	252.77~332.06	194.57	419.16

从表 9-3 的排队长度看,无论是每通道平均排队车辆数均值(3.67 辆/道)还是每通道最大排队车辆数均值(8.8 辆/道)都比较合理,不会出现排长队的现象。

但是从缓冲区设置角度看,根据每车车长 18 米,车辆间间隔 1 米计算,所需的缓冲区长度约需 170 米(按最大队长均值 8.8 即 9 辆计算,实际最大队长还有可能超过此数),我们发现港方原设计方案中中间出闸口预留的缓冲区为 150 米,右侧仅 80 米左右。为此,要么修改设计,加长缓冲区长度,特别是要加长右侧出闸口缓冲区的长度;要么采取某种手段,降低高峰期车辆负荷,使得高峰期车辆到达率适当减少。

从等待时间看,无论是单车平均等待时间均值(2.21 分钟)还是单车最大等待时间均值(4.87 分钟)都比较合理,不会出现长时间等待现象。这说明在合理调配集卡选择排队最短的闸口出去的情况下,从等待时间看两处出闸口共设 28 个检查通道是适合的。

以上是合理调度集卡的情况,如果不能合理调度,情况就会有所不同,这一点在下面的实验 2 中就可以看出来。

(2) 实验方案 2:固定分配方案

本方案假设集卡均匀分布到各排(从左到右)箱区作业,且 1~7 排箱区的集卡从中间出闸口出去,8~11 排箱区集卡从右侧闸口出去。这相当于 64％的集卡流量从中间闸口出,36％的流量从右侧闸口出。之所以假设 1~7 排箱区的集卡从中门出去,是因为这些箱区的集卡平均占总集卡的 64％(7 排除以箱区总排数 11 排得到),而中间闸口的出口通道占总出口通道数的 57％,这两个比例比较匹配,也较容易实际组织调度。设计本方案的目的是要考察在本方案的假设条件下,两个出闸口各自分配的车道数是否合理(即中间 16 道,右侧 12 道)。仿真结果如表 9-4 所示。

表 9-4　实验方案 2 仿真结果

绩 效 指 标		均　　值	90%置信区间	最小值	最大值
中间出闸口	每通道平均排队车辆数/辆	23.07	22.19～23.94	21.81	26.74
	每通道最大排队车辆数/辆	60.10	58.05～62.15	56.00	68.00
	单车平均等待时间/秒	781.30(13.02 分钟)	748.92～813.68	731.83	921.29
	单车最长等待时间/秒	1607.14(26.79 分钟)	1556.69～1657.60	1503.35	1771.18
右侧出闸口	每通道平均排队车辆数/辆	0.97	0.93～1.01	0.80	1.02
	每通道最大排队车辆数/辆	2.00	2.00～2.00	2.00	2.00
	单车平均等待时间/秒	30.75(0.51 分钟)	30.21～31.29	28.92	32.01
	单车最长等待时间/秒	84.01(1.40 分钟)	80.21～87.81	75.41	93.81

从表 9-4 的排队长度看,两个出闸口排队长度出现了极度的不平衡现象,中间出闸口出现了排长队现象,其平均队长均值达到 23.07 辆,最大队长均值达 60.1 辆,特别是根据这个最大队长计算出所需的缓冲区长度远远超过了港方原设计方案预留的空间;而右侧出闸口却很空闲,其平均队长均值只有 0.97 辆,最大队长均值只有 2 辆。从等待时间看,两个出闸口的车辆等待时间也出现了极度的不平衡现象。这说明简单地将 1～7 排箱区或某几排箱区的外卡划归中门出去的做法是不合适的,必须对外卡的流量在两个出闸口进行合理分配,才可能如实验方案 1 那样在两处达到平衡。

从上述两个出闸口实验方案的结果看,在合理调度集卡的情况下,两个出闸口共设置 28 个检查通道的规划方案是基本可行的,两个闸口均不会出现排很长的队的情况。但是要是不能合理调配车流,分流措施不当,如实验方案 2 那样,就会出现一处闸口排长队、另一处闸口却很空闲的情况,这是极端不利的。

在实际运作中,要做到合理地调配集卡到最合适的出闸口出去是很困难的,因此,建议采用智能交通的组织方式,对两个出闸口采取监控措施,并对中间出闸口流量进行实时交通诱导,以避免出现负荷不均现象。一般是在两个出闸口设置感应线圈和视频摄像头,经过算法处理后,可得到这两个闸口的交通流量饱和程度,再辅以监控人员的人工判断,就可发布交通信息并对中间箱区的出港车流进行交通诱导。若中间出闸口流量偏大,负荷度较高,就发布中间闸口拥堵的信号,并诱导中间箱区的车流由右侧出闸口出港;反之,则诱导中间箱区车流由中间出闸口出港。当然,如果基础条件允许,将中间出闸口的检查通道增加到 18 道,右侧不变。这样留出一定的冗余,将更加容易调度。

一旦采用上述技术手段,使得能够合理调度集卡,那么根据实验 1 的结果,会发现出闸口的缓冲区不够,特别是右侧出闸口缓冲区过短。因此应该适当将两个闸口的检查点外移,以加长内侧缓冲区。特别是右侧出闸口还有较多的外移空间。

如果由于地理条件无法进一步增长缓冲区,那么就应该采取措施熨平高峰,使得车辆在一天的各时段到达比较均衡,而不是集中在某个时段,这样可以有效降低高峰期车辆达到率,从而减少闸口排队长度。建议采用计算机化的车辆进港预约系统,通过与各运输单位联网,按计划发布和接受预约进港信息,对不按预约时间进港的车辆实施一定金额的罚款,可以有效熨平高峰,这一点已经过国外港口的实践证明。

此外,闸口检查时间也是影响闸口排队情况的关键因素,如果上述措施由于各种限制因素无法实现,那么就要考虑采用技术手段提高出闸口的检查效率,或者适当增加闸口检查通道(检查点)数目,以降低排队长度。

9.3　配送中心订单拣选流程仿真

9.3.1　问题陈述

　　某食品配送中心每天接收顾客订单,一张订单可能会订购多种食品且每种食品可以定多份,配送中心要把每张订单的食品从货架上拣选出来组装打包后发运,模型主界面如图 9-15 所示,模型见附书光盘的"bookModel\chapter9\production.fsm"。

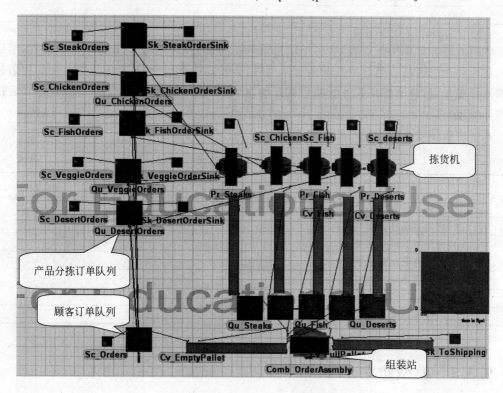

图 9-15　配送中心订单拣选流程

　　可供订购的食品有 5 种:牛排、鸡肉、鱼肉、蔬菜、点心。订单以均值 9 分钟的指数分布时间间隔到达,先来先服务。每张订单订购各种食品的最大数量见表 9-5(最小数目为 0)。

表 9-5　订单订购限额

食品种类	产品类型号	最大订购数目
牛排	1	5
鸡肉	2	3
鱼肉	3	3
蔬菜	4	4
点心	5	2

每种食品存放在各自独用的货架上，假设食品数量足够。每个货架配一台自动拣选器拣货，拣选器拣货时要花一个基本时间(包括来回行程时间)，然后每拣一份货物多花一个附加时间，每个附加时间服从正态分布，相关数据见表9-6。这里用处理器表示拣货过程的延时。

表 9-6　拣选器时间　　　　　　　　　　　　　　　　　　　　　　　分钟

食品种类	基本时间	附加时间均值	附加时间标准差
牛排	0.5	0.6	0.3
鸡肉	0.7	0.4	0.2
鱼肉	0.85	0.8	0.4
蔬菜	0.6	0.5	0.3
点心	0.5	0.3	0.15

收到的顾客订单用托盘表示(订单信息附着在托盘上)，订单托盘先进入一个队列，然后向后运行到达组装站。当订单托盘离开队列时，会发送拣选指令，拣选的货物也会到达组装站放入订单托盘，订单托盘收齐货物后就开始组装，组装时间为0.25分钟。组装完成后托盘离开组装站。

系统中各传输带的传输时间见表9-7。

表 9-7　传输带传输时间　　　　　　　　　　　　　　　　　　　　　分钟

传输带	传输时间
牛排拣选站到组装站	1
鸡肉拣选站到组装站	0.833
鱼肉拣选站到组装站	0.8
蔬菜拣选站到组装站	1
点心拣选站到组装站	0.8
订单托盘到组装站	2
组装站到发货区	2

9.3.2　模型建立

本例时间单位约定为分钟，长度单位约定为米。对本例仅阐述建模要点，读者可打开附书光盘上的模型文件"bookModel\chapter9\production.fsm"对照学习，以掌握建模技巧。

在Flowitem bin中，创建两个新流动实体。一个实体命名为OrderPallet代表订单，另一个命名为PartOrder代表订单中的一类商品。在OrderPallet实体上定义一个标签OrderTable，将该标签设为标签表(在标签页创建一个数值类型标签，然后单击Label Table按钮即可创建标签表)，以记录订单订购的所有货品数量，再定义一个标签OrderID。在PartOrder实体上定义3个标签：订单号PartOrderID、产品数NumParts、产品型号Category。

在生成订单的Source对象Sc_Orders上，设置其生成OrderPallet流动实体类型，在OnExit触发器中生成各种产品的订购数量赋值到托盘订单上的标签订单表

OrderTable 中。

顾客订单队列 Qu_Orders 容纳订单,在其 OnEntry 触发器设置流动实体的 itemtype 为实体的序号,该序号作为 Order Id。在 OnExit 触发器中,向 5 个产品分拣队列发送消息,告知要拣选的产品类型号、数量、订单号 OrderID(订单号即为订单实体的 itemtype)。

有 5 个产品分拣订单队列:Qu_steakOrders、Qu_ChickenOrders、Qu_FishOrders、Qu_VeggieOrders 和 Qu_DesertOrders。它们的作用是维护产品拣选订单(用 PartOrder 流动实体表示),其工作逻辑都相同,在消息触发器中,将从订单队列 Qu_Orders 接收到的产品类型号、数量、订单号 OrderID 赋值到各自对应的标签上。在 OnEntry 触发器中,在拣选订单实体上设置产品类型号、数量、订单号。在 OnExit 触发器向各处理器(代表拣选器)发送消息,通知要拣选的产品类型号、数量、订单号。各触发器中还有开关端口的控制语句。

5 种产品的拣选器用处理器建模,它们是 Pr_Steaks、Pr_Chickens、Pr_Fish、Pr_Vegies 和 Pr_Deserts。拣选器收到产品分拣订单队列发来的消息后,在消息触发器中设置自己的产品类型号、数量、订单号、周期时间标签。在 OnExit 触发器,设置流动实体的产品类型号、数量标签。注意,分拣器对每个产品分拣订单只吸收一个实体,在该实体上设置产品类型号、数量,以此表示分拣了多个产品。设置分拣时间(周期时间)时已考虑了多个产品。各触发器中还有开关端口的控制语句。

学习了以上内容,现在可以总体描述系统的控制逻辑了。系统控制逻辑主要通过顾客订单队列、分拣订单队列和拣选器之间的消息传递和端口控制来实现。

(1) 顾客订单队列准备处理订单时(即顾客订单离开队列时),通过 OnExit 触发器向分拣队列发送消息通知它们引入分拣订单(打开分拣订单队列的输入端口),这相当于顾客订单拆分为分拣订单。

(2) 分拣订单队列初始是关闭输入端口的(在 OnReset 触发器设置),当收到顾客订单队列消息,就打开输入端口接收一个分拣订单,然后立即关闭输入端口(在 OnEntry 中实现)。当分拣订单离开队列时(OnExit 触发器)向拣选器发送消息通知开始拣选过程(即利用消息通知拣选器打开其输入端口开始拣选延时),然后关闭自己的输出端口。

(3) 拣选器初始是关闭输入端口的(在 OnReset 触发器设置)。当它收到分拣订单队列发来的消息就打开输入端口接收一个产品,然后立即关闭输入端口(在 OnEntry 中实现)。当拣选延时完成后,在 OnExit 中打开分拣订单队列的输出端口,以便分拣订单队列可以发送下一个分拣指令。

以上就是系统主要控制逻辑,下面继续介绍其他对象设置。组装站是一个 Combiner 对象,注意设置顾客订单托盘从 1 号输入端口进入,其他端口的输入目标数量都设为 1。设置组装时间 0.25。在 OnEntry 触发器中还编写了一段用于测试的冗余代码,检查分拣来的每类产品和顾客订单上的同类产品数量是否一致。

在吸收器 Sink 上,主要完成一些性能统计功能。在 OnEntry 触发器中计算性能指标并赋值到对应标签上。性能指标(标签)有 Shipments(完成订单数)、Avg Time in syst(订单在系统中平均逗留时间)、Time in Syst(当前订单在系统中逗留时间)、TotalTime(所有订单在系统中逗留总时间)。其中 Time in Syst 用于给记录器 Recorder 对象做直方图用。

9.3.3 实验运行

将模型运行时间设为一周(7天,即10080分钟),运行完成后,观察如下性能指标。

(1) 完成订单的平均处理时间(即订单平均逗留时间)是多少?

(2) 观察记录器中订单逗留时间曲线图和直方图,发现有何种趋势?这说明了什么问题?

(3) 总共完成了多少份顾客订单?

(4) 观察顾客订单积压状况,即顾客订单队列的等待情况(各种队长和等待时间指标)。尝试将顾客订单到达时间间隔的均值分别设为9、10、11,观察订单积压状况,分析当前处理能力下,合适的接单能力(即订单到达频率)为多少?

(5) 以上性能指标和结论都是基于单次运行模型得出的,试利用实验管理器对仿真输出的各性能指标给出更加科学的统计结果。

(注:记录器对象Recorder在Flexsim 7以后不再提供支持了。)

9.4 习题

1. 在9.1节的库存仿真模型中,库存检查间隔大于订货提前期,这使得订货后,肯定能够在下次检查库存前到货,如果设置库存检查间隔小于订货提前期,该模型仍有效吗?应该如何修改才能符合这种情况?

2. 对9.1节的库存仿真模型,通过将库存检查间隔(Evaluation Interval,目前为1天)作为决策变量加入到优化变量集中,让该值在1天到5天以步长1取离散值。假设 s 取 $1\sim99$ 的整数,S 取 $2\sim100$ 的整数,且约束 $s<S$。应用优化器求取最优方案。

3. 对9.1节的库存仿真模型,实验比较以下各组 (s,S) 下的平均每天总运作成本是否有显著差异(设总体显著性水平取0.1,每种情况重复运行50次):$(20,40)$,$(20,60)$,$(20,80)$。

第 *10* 章　流 体 建 模

　　有些情况下,我们要对流体进行建模与仿真,例如化工行业中流动的液体或气体、煤炭行业中传输带上移动的煤粉煤块等,此类系统就是连续系统,连续系统可以用 Flexsim 对象库中提供的流体对象(fluid object)进行建模与仿真。连续系统仿真时,系统按照等长时间步推进,在每个时间步修改系统状态(相对应的,离散系统仿真由事件推进,在事件发生时修改系统状态)。Flexsim 流体对象还可以与离散系统对象一起进行混合系统建模与仿真,本章通过一个例子介绍在 Flexsim 中如何进行混合系统建模与仿真。

10.1　基本概念

　　首先熟悉 Flexsim 流体建模的几个基本概念,才能更加容易理解后面的例子模型。

1. 流体 Fluid

　　流体是难以区分出单个实体的物质,如液体、气体、煤炭行业中传输带上移动的煤粉煤块等。有时,对建模目的而言无须区分个体(如快速包装线上的饮料瓶),虽然可以用单个实体表示每个产品,但产品数量巨大,会消耗大量计算机资源,运行效率低,而且从建模目的看无须区分个体产品,这时也可以考虑用流体表示这些产品。

2. Tick 和 Tick 时间

　　连续系统仿真时,系统按照等长时间步推进,时间步称为 Tick,时间步的长度就是 Tick 时间,Flexsim 中,Tick 时间在计时器(Ticker)对象中设置,Tick 时间越小,系统运行精度越高,但运行越慢;Tick 时间越大,系统运行精度越低,但运行也越快。在每个 Tick 结束时,流体对象计算该 Tick 时段内接收和发送了多少流体,更新系统状态。

3. 速率 Rate

　　许多流体对象都需要设置流体流进、流出对象的速率,如图 10-1 所示。这里解释几个速率的含义。最大端口速率 Maximum Port Rate 指流体从端口流进或流出对象的最大速率,可以针对输入输出端口分别设置,如果有多个输入端口,每个端口还可以设置一个比例因子(scale factor),该端口的实际最大速率＝Maximum Port Rate×scale factor,输出端口也有类似设置。

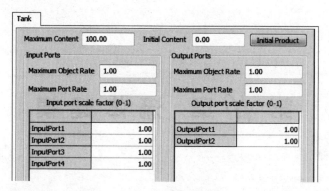

图 10-1 设置速率

还要说明的是,流体对象端口的实际速率未必能够达到最大速率,实际速率受到上游对象的输出速率、下游对象的输入速率、对象本身储存的流体数量、下游对象可用的接收空间等因素影响。

流体对象输入端口的最大对象速率 Maximum Object Rate 是流体通过所有输入端口进入对象的速率上限,也就是所有输入端口实际速率和的上限。输出端口的最大对象速率是流体通过所有输出端口离开对象的速率上限,也就是所有输出端口实际速率和的上限。

10.2 流体建模案例

某果味酸奶生产线中,桶装酸奶原液和桶装果汁分别由两个 Source 对象生成(这时是离散实体),在生产线起始处倾倒进系统,它们被转化成流体(ItemToFluid),通过两个管道(Piple)分别运输到两个储液罐(FluidTank),然后沿着管道流到混合器(FluidMixer)进行混合,混合后进入流体处理器(FluidProcessor)作最后加工,加工完成后包装到酸奶瓶中(FluidToItem),这时,流体已转化为离散实体,酸奶瓶放到输送机 Conveyor 上送到 Sink 离开系统,系统结构如图 10-2 所示。这个系统是一个典型的混合系统,其中 ItemToFluid 和 FluidToItem 是连续部分和离散部分的接口处。

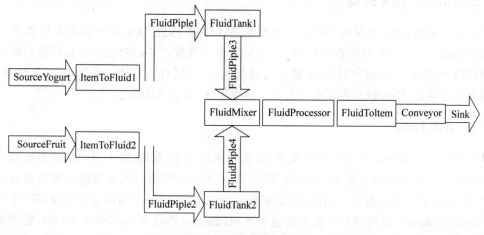

图 10-2 果味酸奶生产

建模步骤如下：

1. 模型布局和连接

新建一个模型，模型时间单位设为秒（Seconds），长度单位米（Meters），体积单位升（Liters）。从对象库中拖放相应对象到模型中，按图 10-3 布置好，并重命名对象，按图 10-3 用"A 连接"连好它们。若看不清图 10-3 中的对象类型和名字，可以参考图 10-2，两图中对应位置的对象名字都相同。其中计时器对象 TheTicker 不用拖放，当拖放别的流体对象到模型中时，会自动生成一个 TheTicker 对象，该对象管理流体系统的时间推进机制，把它放在模型中任何地方都可以，但不要删除它。

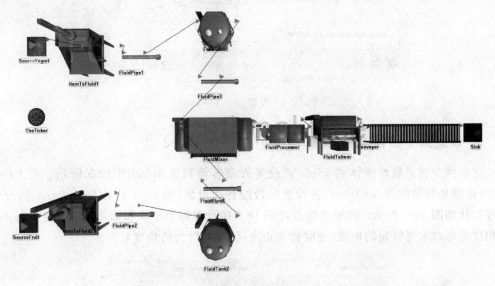

图 10-3 模型结构

模型中的对象从左到右依次是：两个 Source 命名为 SourceYogurt 和 SourceFruit，两个 ItemToFluid 命名为 ItemToFluid1 和 ItemToFluid2，两个 FluidPipe 命名为 FluidPipe1 和 FluidPipe2，两个 FluidTank 命名为 FluidTank1 和 FluidTank2，又两个 FluidPipe 命名为 FluidPipe3 和 FluidPipe4，一个 FluidMixer 命名为 FluidMixer，一个 FluidProcessor 命名为 FluidProcessor，一个 FluidToItem 命名为 FluidToItem，一个 Conveyor 命名为 Conveyor，一个 Sink。

其中，Source、Sink 和 Conveyor 是离散对象，是从固定资源库中取得的，其余对象是流体对象，是从流体库中拖放到模型中的。

2. 设置对象 ItemToFluid

ItemToFluid 把离散的实体转化为流体，ItemToFluid1 将桶装酸奶原液转化为流体酸奶原液，其设置如图 10-4 所示。设置最大容量 Maximum Content 为 20 升。设置 Discrete Units per Flowitem 为 10 和 Fluid per Discrete Unit 为 1，这表示将每个进入的流动实体（flowitem）转化为 10 个离散单位，而每个离散单位转化为 1 升流体，因此相当于每个流动实体转化为 10 升流体。按图设好各种速率。对 ItemToFluid2 也作同样的设置。

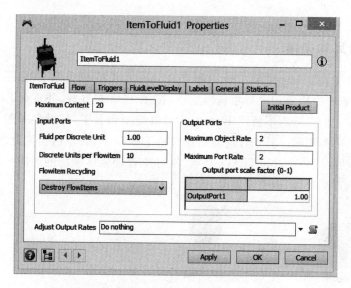

图 10-4　设置 ItemToFluid1

3. 设置第 1 组管道对象 FluidPipe1 和 FluidPipe2

在这两个管道属性窗体的 Piple 页设置管道容量和速率,如图 10-5 所示。在 Layout 页,可以增加管道的段(section),并设置每段的各项属性,图 10-6 是对 FluidPipe1 的设置,最终形状如图 10-7 所示。这里关键是在图 10-6 中设置好第 1 段和第 2 段的角度 Angle,这个角度是每段末尾转角的角度(逆时针为正角度,顺时针为负角度)。

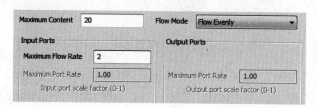

图 10-5　设置管道容量和速率

4. 设置储液罐 FluidTank

在储液罐 FluidTank1 属性窗体的 Tank 页,将输入端口对应的最大速率设为 2,如图 10-8 所示,这样才能与上游管道的速率相匹配。

当储液罐中流体达到标记水平(即 Mark 水平)时,可以触发执行一些动作,如打开或关闭端口等,图 10-9 设置了低、中、高 3 个标记水平。其中 Mid Mark 设为 0 表示该标记不起作用,不会触发 Passing Mid Mark 触发器执行。Low Mark 设为 1 升,当流体触及该标记时,定义的触发器 Passing Low Mark 会执行(按图 10-9 定义 Passing Low Mark 触发器),关闭输出端口。High Mark 设为 45 升,当流体触及该标记时,定义的触发器 Passing High Mark 会执行(按图 10-10 定义 Passing High Mark 触发器),打开输出端口。

对储液罐 FluidTank2 也进行完全相同的设置。

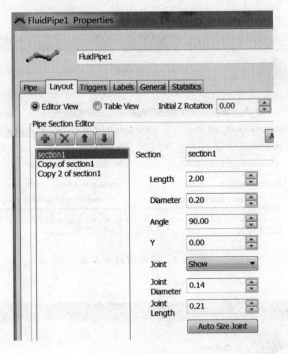

图 10-6　设置管道布局

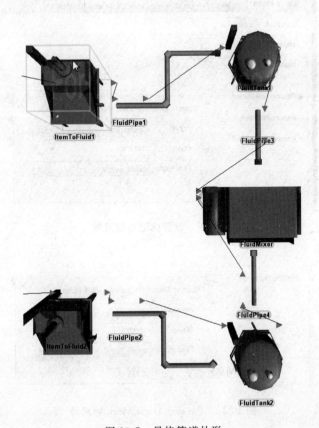

图 10-7　最终管道外形

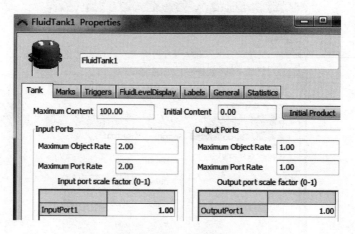

图 10-8　储液罐速率设置

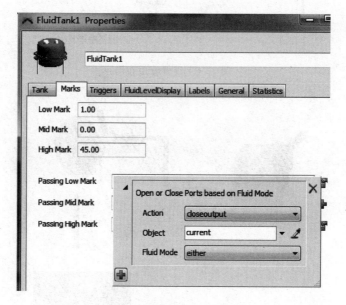

图 10-9　设置标记和触发器

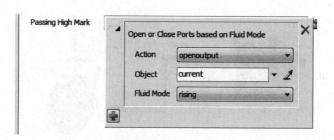

图 10-10　Passing High Mark 触发器

5. 设置第 2 组管道对象 FluidPipe3 和 FluidPipe4

在其属性窗体的 Piple 页,将这两个管道的最大容量 Maximum Content 设为 10,在 Layout 页,调整初始 Z 转角 Initial Z Rotation(逆时针为正角度,顺时针为负角度),使它们的方向与图 10-7 中相同。

6. 设置混合器 FluidMixer 的处理步骤和组分表

按图 10-11 设置混合器的处理步骤和组分表。该设置表明,混合器执行两个步骤,第 1 步延时为 0,从 1 号输入端口接收 10 升流体;第 2 步延时 10 秒,从 2 号输入端口接收 20 升流体。

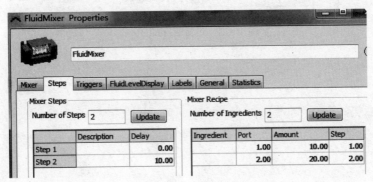

图 10-11　混合器的处理步骤和组分表

7. 设置流体处理器 FluidProcessor

流体处理器设置如图 10-12 所示,它接收流体,处理一段时间再输出流体,处理时间依赖于最大容量和最大输出速率。

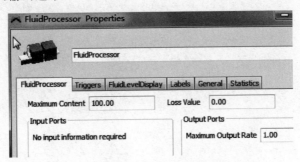

图 10-12　设置流体处理器

8. 设置 FluidToItem

FluidToItem 对象将流体转化为离散实体,其设置如图 10-13 所示。

9. 重置和运行模型

重置运行模型,可以观察流体对象边上的水平指示条变化情况。还可以看到管道颜色变化情况,灰色表示管道空,红色表示被阻塞,闪烁表示流体在其中流动。

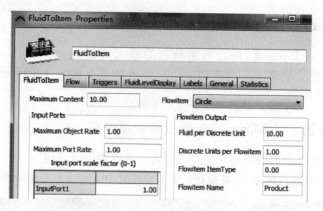

图 10-13　设置 FluidToItem

附录 $\mathscr{A}$ 仿真用概率统计基础

本章复习概率统计的一些基础知识,这些知识也是理解系统仿真一些概念和做法的基础,特别是输入数据分布拟合和输出数据分析部分的内容,都需要利用这些基础知识才能充分理解。

A.1 概率论基本概念

1. 随机变量

取值具有随机性的变量称为随机变量。在系统仿真中,许多输入变量都是随机变量,如顾客到达时间间隔、机器加工时间、服务时间、每次订购产品的数目等。

若随机变量只可能取某个区间中特定的值(通常是整数值),则称之为离散随机变量。例如掷骰子出现的点数只能取 1~6 之间的整数,呼叫中心某段时间接到的呼叫次数也只能取某区间上的整数。

若随机变量有可能取某个区间中的任何实数值,则称之为连续随机变量,如某段时间内某餐馆顾客到达时间间隔可能取 0~100 分钟间的任何值,而不仅仅是某些特定值。

2. 离散型随机变量的分布

设离散型随机变量 X 的可能取值为 $x_i(i=1,2,\cdots)$,且取各个值的概率为

$$P(X = x_i) = p(x_i), \quad i = 1, 2, \cdots$$

则称 $p(x_i)$ 为 X 的概率质量函数(probability mass function,PMF)。可以用多种方式来表示 PMF,如数值表、曲线或数学公式。例如泊松分布的概率质量函数可以用公式表示为

$$P(X = k) = \frac{\lambda^k}{k!} \mathrm{e}^{-\lambda}$$

3. 连续型随机变量的分布

一个连续型随机变量位于区间 $[a, b]$ 上的概率为

$$P(a \leqslant X \leqslant b) = \int_a^b f(x) \mathrm{d}x$$

函数 $f(x)$ 称为随机变量 X 的概率密度函数(probability density function,PDF)。从上式可以看出,X 落入 a 和 b 之间的概率等于在 a、b 之间 $f(x)$ 曲线下面的面积。

4. 累积分布函数

设 X 为随机变量，x 是任意实数，则函数 $F(x)=P(X\leqslant x)$ 称为随机变量 X 的累积分布函数(cumulative distribution function,CDF)。

如果 X 是离散的，那么

$$F(x) = \sum_{所有 x_i \leqslant x} p(x_i)$$

如果 X 是连续的，那么

$$F(x) = \int_{-\infty}^{x} f(t)\,\mathrm{d}t$$

5. 数学期望与方差

随机变量 X 的数学期望也称为均值，它度量随机变量的中心趋势，记为 $E(X)$，如果 X 是离散型随机变量，则

$$E(X) = \sum_{所有 i} x_i p(x_i)$$

如果 X 是连续型随机变量，则

$$E(X) = \int_{-\infty}^{\infty} x f(x)\,\mathrm{d}x$$

随机变量 X 的方差度量随机变量的可能取值围绕均值的离散程度，记为

$$\mathrm{Var}(X) = E[X - E(X)]^2$$

方差的平方根称为标准差，记为

$$\sigma(X) = \sqrt{\mathrm{Var}(X)}$$

A.2 常用分布及其典型用途

本节给出一些常用分布的分布图，并对一些常用分布的典型用途做出说明。

A.2.1 常用连续分布

连续随机变量的概率密度函数通常都会含有一个或多个参数，称为分布参数，这些参数可以分类为位置参数(Location 或 λ)、尺度参数(Scale 或 β)和形状参数(Shape 或 α)。位置参数改变时，密度函数曲线会整体沿横轴移动，即改变位置。尺度参数改变时，密度函数曲线会压缩或扩张，即改变比例但不会改变形状。形状参数改变时，密度函数曲线会改变形状。例如，指数分布的密度函数如下：

$$f(x) = \frac{1}{\beta} \mathrm{e}^{-(x-\lambda)/\beta}, \quad x \geqslant \lambda, \beta > 0$$

其中，λ 是位置参数，β 是尺度参数(均值)，指数分布无形状参数。在进行一般的分布讨论时，对某些分布(如指数分布)经常省略位置参数(即位置参数设为 0)，以简化概率密度函数的形式。下面按字母顺序列出若干常见连续分布的 PDF 形式、曲线和可能的用途，供参考。

1. β(beta)分布(min，max，shape1，shape2)

曲线如图 A-1 所示。

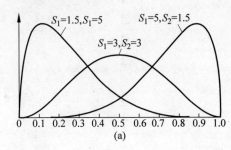 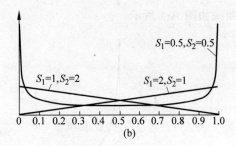

图 A-1 β(beta)分布(0, 1, s1, s2)

可能的应用：完成任务的时间；比例(如一批产品的缺陷率)；当缺乏数据时可以用此分布作近似。

2. 爱尔朗(Erlang)分布(location，scale，shape)

曲线如图 A-2 所示。

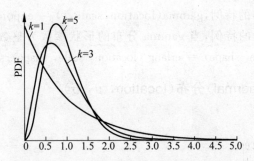

图 A-2 爱尔朗(Erlang)分布(0, 1, k)

可能的应用：完成任务的时间；间隔时间(如顾客到达间隔)；故障时间间隔(TBF)。Erlang 分布中 shape 参数是非负整数。指数分布是 Erlang 分布的特例，Erlang(location，scale，1)＝ exponential(location，scale)。

3. 指数(exponential)分布(location，scale)

曲线如图 A-3 所示。

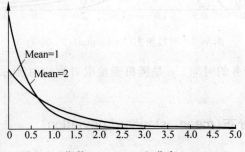

图 A-3 指数(exponential)分布(0, mean)

可能的应用：间隔时间；完成任务的时间。

4．γ(gamma)分布(location，scale，shape)

曲线如图 A-4 所示。

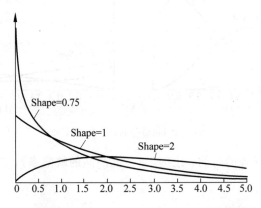

图 A-4　γ(gamma)分布(0，2，shape)

可能的应用：完成任务的时间；间隔时间(如顾客到达间隔时间,故障间隔时间)。指数分布也是 gamma 分布的特例,gamma(location,scale,1) = exponential(location, scale)。erlang 分布也是 gamma 的特例,当 gamma 分布的形状参数为整数时,它就变成 erlang 分布,gamma(location, scale, shape) = erlang (location, scale, shape),shape 为整数。

5．对数正态(lognormal)分布(location，μ，σ)

曲线如图 A-5 所示。

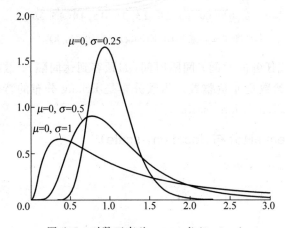

图 A-5　对数正态(lognormal)(0，0，σ)

可能的应用：完成任务的时间。μ 是随机变量取对数的均值,σ 是随机变量取对数的标准差。

6．正态(normal)分布(mean，standard deviation)

曲线如图 A-6 所示。

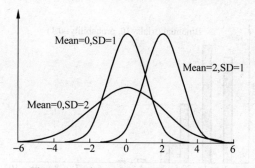

图 A-6 正态(normal)分布(mean，SD)

可能的应用：误差(如重量误差等)。正态分布可以采样到负值，因此不适合表示时间。

7. 威布尔(Weibull)分布(location，scale，shape)

曲线如图 A-7 所示。

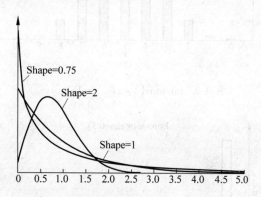

图 A-7 威布尔(Weibull)分布(0，1，shape)

可能的应用：故障时间间隔；完成任务的时间。指数分布也是 Weibull 分布的特例，Weibull (location，scale，1) = exponential(location，scale)。

A.2.2 常用离散分布

以下介绍几个常用离散分布的概率质量函数及其图形，以及可能的用途。

1. 二项式(binomial)分布(trials，probability)

分布图如图 A-8 所示。

可能的应用：在 trials 次试验中成功的次数(如一批产品中的次品数)；一个批次中产品的数量(如一份订单订购产品的数目)。

2. 泊松(Poisson)分布(mean)

分布图如图 A-9 所示。

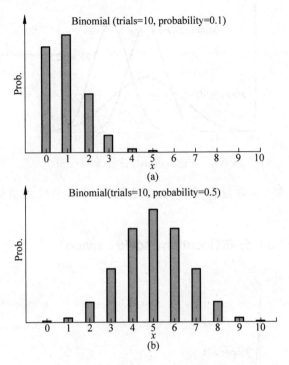

图 A-8 binomial(trials，probability)

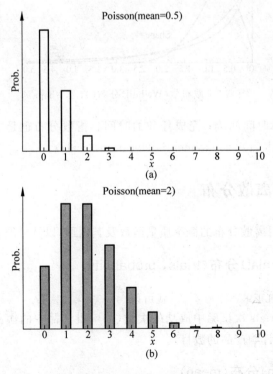

图 A-9 Poisson(mean)

可能的应用：一段时间内事件发生的次数(如每小时到达顾客数目)；一个批次中产品的数目(如一份订单订购产品的数目)。

A.3　抽样与统计推断

统计推断(statistical inference)是根据带随机性的观测数据(样本)以及问题的条件和假定(模型)，而对未知事物作出的，以概率形式表述的推断。统计推断的一个基本特点是：其所依据的条件中包含有带随机性的观测数据。以随机现象为研究对象的概率论，是统计推断的理论基础。

在数理统计学中，统计推断问题常表述为如下形式：所研究的问题有一个确定的总体，其总体分布未知或部分未知，通过从该总体中抽取的样本(观测数据)作出与未知分布有关的某种结论。例如，某一群人的身高构成一个总体，通常认为身高是服从正态分布的，但不知道这个总体的均值参数，随机抽部分人，测得身高的值，用这些数据来估计这群人的平均身高，这就是一种统计推断形式，即参数估计。

若感兴趣的问题是"平均身高是否超过 1.7(米)"，就需要通过样本检验此命题是否成立，这也是一种推断形式，即假设检验。

由于统计推断是由部分(样本)推断整体(总体)，因此根据样本对总体所作的推断不可能是完全精确和可靠的，其结论要以概率的形式表达。统计推断的目的，是利用问题的基本假定及包含在观测数据中的信息，作出尽量精确和可靠的结论。

A.3.1　总体与样本

总体可以看成一个具有分布的随机变量(或随机向量)。把从总体中抽取的部分样品 $(X_1, X_2, \cdots, X_n)$ 称为样本，样本中所含的样品数称为样本容量，一般用 n 表示。在仿真中，样本往往是总体这个随机变量的一系列服从独立同分布(IID)的观察值或实现值。

例如，在仿真的输入随机变量分布拟合过程中，总体可能是顾客到达时间间隔，而一系列的时间间隔观察值则是样本，可以通过样本拟合出总体的分布，以用于仿真输入。

在仿真的输出分析中，总体可能是平均队列长度，而样本则是多次仿真模型运行得到的一系列平均队列长度的观察值。这时，可以利用样本计算(估算)出总体的均值和置信区间。

获得样本的过程称为抽样。统计中假设样本是随机抽取的，也就是说，无论你抽取的样本规模有多大，同一个事件被抽中的概率总是相同的。在仿真的输出分析中，随机输入会导致随机的输出，所以，抽样也就意味着对模型的多次重复仿真运行。假定随机数发生器使用正确，并且工作正常，那么样本的随机性就可以得到保证。

A.3.2　参数估计

本节讨论仿真输出分析的一些统计基础。刻画总体 X 特征的一些数量，如 μ(均值，如平均队长的均值、最大队长的均值)、σ^2(方差，如平均队长的方差)、p(比例，如平均队长小于

15 的比例)等,被称为参数(parameters)。这里 $\mu = E(X)$,$\sigma^2 = \mathrm{Var}(X)$,$p = P(X \in B)$,其中 B 是定义 X 的某种"显著特征"的集合(比如 X 大于 25)。

而仿真输出分析的主要工作实际上就是在进行参数估计,即通过样本估计总体 X 的一些参数,如平均队长(总体)的均值(参数)。如果估计出的是一个单个值,则称之为点估计(point estimation);如果估计出的是一个区间,则称之为区间估计,该区间称为置信区间。

1. 点估计

可以按以下公式合理地"估计"上述三个总体参数 μ(均值)、σ^2(方差)、p(比例):

样本均值

$$\overline{X} = \frac{\sum_{i=1}^{n} X_i}{n}$$

样本方差

$$s^2 = \frac{\sum_{i=1}^{n} (X_i - \overline{X})^2}{n-1}$$

样本比例

$$\hat{p} = \frac{\text{在 } B \text{ 中的 } X_i \text{ 的数量}}{n}$$

以上这几个量都仅需样本数据就可计算出来,无须用到总体分布参数,这些量被称为样本统计量(sample statistics),也简单称为统计量。也就是说,统计量是含有样本 X_1,X_2,…,X_n 的一个数学表达式,并且式中不含未知参数,因而可以在得到样本值后立即算出它的数值来。而用来估计未知参数的统计量,如 $\overline{X}$、S^2 等也称为估计量。统计量是以随机样本为基础计算的,不同的样本算得的统计量值也不同,因此,统计量本身也是随机变量,也有其自己的分布(有时称为抽样分布)、期望值、方差等。以下是三种统计量分布的某些结果。

$E(\overline{X}) = \mu$ 且 $\mathrm{Var}(\overline{X}) = \sigma^2/n$。如果 X 的分布是正态分布,那么 $\overline{X}$ 也服从正态分布,记作 $\overline{X} \sim N(\mu, \sigma/\sqrt{n})$。按照习惯,用标准差表示正态分布的第二个参数,而不用方差。即使 X 不服从正态分布,根据中心极限定理,如果条件要求得不是很严格,当 n 足够大时,$\overline{X}$ 也近似服从正态分布。

$E(s^2) = \sigma^2$,如果 X 服从正态分布,那么 $(n-1)s^2/\sigma^2$ 服从自由度为 $n-1$ 的 χ^2 分布,记作 χ^2_{n-1}。

$E(\hat{p}) = p$ 且 $\mathrm{Var}(\hat{p}) = p(1-p)/n$。对于足够大的 n,$\hat{p}$ 也近似服从正态分布。

抽样分布的重要性在于,它们为估计和推断总体分布的参数提供了基础。

如果有 E(点估计量)= 参数值,则称这种估计量为无偏估计(unbiased)。简单地说,就是如果采集很多个样本,计算每个样本的点估计值,所有这些点估计值的平均值就等于参数值。很显然,这是一条很有用的性质,本节得到的 $\overline{X}$、s^2 和 $\hat{p}$ 分别就是 μ、σ^2 和 p 的无偏估计。

虽然无偏估计有很多优点,但它并未涉及样本估计值的稳定性。在其他方面相同的情况下(比如都具有无偏性),更愿意选择一个方差最小的估计量,因为它更有可能接近所估计的参数值。称方差更小的估计量更有效率(efficient),这类似于抽样的经济效率,因为一个有效率的估计量方差较小,从而为达到可接受范围其所要求的样本量也较小。

和有效性相关的概念是估计量的一致性(consistency)。尽管有关一致性的概念有很多种,但其基本思想是,当样本容量 n 增大时,估计值在某种意义上会变得更好(缺少这样的性质当然是令人沮丧的)。例如,非常希望当样本量不断增大时,估计值的方差会不断减小,最好能迅速减小,而且能减小到 0。回顾本节中 $\overline{X}$、s^2 和 $\hat{p}$ 的方差表达式,它们都能满足上面的性质。

2. 区间估计

由于点估计的随机性,它可能偏离真实的参数值,因此,更加希望能够估计参数可能落在哪个区间中,这就是区间估计,所估计的区间称为置信区间。置信区间的边界是由样本计算决定的,而且能以一个预先规定好的较大的概率包含或"覆盖"目标参数,称这个概率为置信度(confidence level)。置信度通常表示为 $1-\alpha$,所得到的置信区间也被称做 $100(1-\alpha)\%$ 置信区间。α 也称为显著性水平。

利用统计推断的相关知识,可以得到如下一些常用参数的置信区间:

(1) 总体的均值 μ 的置信区间为

$$\overline{X} \pm t_{n-1,\alpha/2} \frac{s}{\sqrt{n}}$$

其中 $t_{n-1,\alpha/2}$ 是自由度为 $n-1$ 的 t 分布的上 $\alpha/2$ 分位点,其值能够在概率统计类书籍所提供的 t 分布表中查到。这个区间的计算需要假设总体分布为正态分布,不过由中心极限定理保证了在大样本量 n 的情况下,即使总体不是正态分布,此区间也是近似正确的。

(2) 总体的方差 σ^2 的置信区间为

$$\left[\frac{(n-1)s^2}{\chi^2_{n-1,\alpha/2}}, \frac{(n-1)s^2}{\chi^2_{n-1,1-\alpha/2}} \right]$$

这个区间的前提假设是总体分布为正态的,不过由中心极限定理保证了在大样本量 n 的情况下,即使总体不是正态分布,此区间也是近似正确的。

(3) 总体的标准差 σ 的置信区间为

根据置信区间的定义及解释,可以简单地用总体方差的置信区间端点的平方根来建立其置信区间:

$$\left[\sqrt{\frac{(n-1)s^2}{\chi^2_{n-1,\alpha/2}}}, \sqrt{\frac{(n-1)s^2}{\chi^2_{n-1,1-\alpha/2}}} \right]$$

(4) 比例的置信区间

输出变量落入具有某种特征的集合 B 的比例的置信区间为

$$\hat{p} \pm Z_{1-\frac{\alpha}{2}} \sqrt{\frac{\hat{p}(1-\hat{p})}{n}}$$

其中 $Z_{1-\alpha/2}$ 是标准正态分布(期望值为 0,标准差为 1)的 $1-\alpha/2$ 上分位点(见统计学书中的分布表)。这是一个近似的覆盖区间,只对于大样本量 n 有效(一种对"大样本量 n"的定义是,$n\hat{p}$ 及 $n(1-\hat{p})$ 至少都应该达到 5)。

（5）两个总体的均值之差 $\mu_A - \mu_B$ 的置信区间

有不同的方法可以计算两个总体均值之差的置信区间。在决定用哪种方法计算时有一个很重要的考虑因素，就是从两个总体中的抽样过程是否相互独立。对这个量的重要解释是，如果此置信区间包含 0，则我们就不能认为这两个均值之间存在显著的统计差异（按置信度 $1-\alpha$）；如果此置信区间不包含 0，那么这两个均值之间就存在显著差异。

以上介绍了一些常用的置信区间计算方法，对于同一个样本，信息量是固定的，于是会出现"有得必有失"的局面：如果提高置信度，就会降低估计精度（置信区间半宽称为置信区间的精度）；反之，想提高估计精度，就需降低置信度。如果希望两者都提高，则只有增加样本容量，即增加信息量。

A.4　假设检验

在仿真的输入数据拟合和输出数据分析部分，都会用到假设检验的统计知识。假设检验（hypothesis tests）是指利用样本数据对有关总体所做出的某些命题加以"检验"，判断该命题是否成立。针对各种实际应用，人们已经发明出了很多检验方法。在此并不打算对假设检验作详尽的论述，而只是阐述其总体思想并给出两个仿真的例子（一个是输入分析方面的，另一个是输出分析方面的）。关于假设检验的具体公式及其推导，请参阅统计专业文献。

需要进行检验的命题被称为原假设或零假设（null hypothesis），通常用 H0 表示，零假设的否定（相反）命题是备择假设（alternate hypothesis），用 H1 表示。假设检验的目的是建立一个决定规则以利用有关数据来选择 H0 或 H1，并且尽可能地保证所声明正确的那个假设确实是正确的。

除非能够得到有关总体的完全信息，否则不可能 100% 地确定我们在 H0 和 H1 之间做出了正确的选择。如果 H0 为真，但我们拒绝了 H0 而选择了 H1，那么就犯了第一类错误（type I error，也称弃真错误）。但是如果 H1 为真而我们没有拒绝 H0，那么就犯了第二类错误（type II error，也称取伪错误）。假设检验能够在规定出现第一类错误的概率为 α 的情况下，尽量使犯第二类错误的概率 β 最小。如果你想要一个很小的 α，虽然可以做到但却要以一个比较大的 β 作为代价（尽管两者之间的关系并不那么简单），除非能够收集到更多的数据。

假设检验在系统仿真中的一个应用是在输入数据拟合方面，就是利用所采集到的观测数据拟合出一个概率分布，并用于模型的输入。这里，H0 表示某个拟合分布能充分解释观测数据的命题。如果 H0 没有被拒绝，那么表明没有充分的证据说明这个分布是错误的，因此可以使用它。

假设检验在仿真中的另一个应用是在输出分析方面。如果仿真中需要有几个（多于2）模型在某个输出性能指标上加以比较，那么一个很自然的问题就是，各个模型的输出性能指标均值有什么不同。这类特定的问题及相关技术叫做方差分析（analysis of variance，ANOVA），它是所有统计书籍中的一个标准组成部分，因此在这里不打算进行深入论述。这个问题的零假设是"所有模型的输出性能指标均值是相同的"；如果这个命题没有被拒绝,那么表明没有充分证据证明这些模型在性能指标上有显著差异。但是如果这个命题被拒绝了,则说明在各模型的输出性能指标间存在一定的差异,尽管它们不一定完全不同。一个进一步的问题是,更准确地说,哪些均值与其他哪些均值有显著差异,这个问题在 ANOVA 中有时被称做多元比较(multiple comparisons)。有几种不同的方法解决这个问题,其中三种分别由 Bonferroni、Scheffé 和 Tukey 提出。可以将仿真模型运行产生的输出数据导出到 Excel 或其他专用软件进行此类假设检验的分析。

附录 $\mathcal{B}$ Flexsim 对象参考

本附录简单介绍 Flexsim 中常见建模对象的基本功能,供参考使用。

B.1 固定资源对象

1. 发生器 Source

发生器可以创建生成流动实体,它可以按下面三种模式之一创建流动实体。

(1) 到达时间间隔模式。在此模式中,发生器使用到达时间间隔函数,此函数的返回值是直到下一个流动实体到达需要等待的时间。发生器等待这么长的时间,然后创建一个流动实体并释放。流动实体一离开,它再次调用间隔到达时间函数,并重复此过程。注意,到达间隔时间定义为一个流动实体离开与下一个流动实体到达之间的时间,而不是一个流动实体到达与下一个流动实体到达之间的时间。如果想要将到达间隔时间定义为两次到达之间的真实时间,则在下游使用一个容量很大的暂存区队列,确保发生器在生成流动实体时立即将其释放。还可以指定第一个流动实体是否在 0 时刻创建。

(2) 到达时间表模式。在到达时间表模式中,发生器遵循一个用户定义的时间表来创建流动实体。此表的每一行指定了在仿真中某给定时间的一次流动实体的到达数据。对每个到达,可以指定到达时间、名称、类型、要创建的流动实体数目。到达时间应在时间表中正确排序,即每个到达时间应大于或等于先前的到达时间。如果将发生器设定为重复时间表,则在完成最后一个到达时立即循环回到第一个到达,这就导致这两个到达发生在完全相同的时刻,这可能不是我们想要的,如果需要发生器在最后一次到达后和重复的第一次到达之间等待一段给定的时间,则在表的末尾添加一个到达条目,给它指定一个大于上个到达时间的到达时间,但是将到达流动实体数量设为 0。

(3) 到达序列模式。到达序列模式与到达时间表模式类似,只不过这里没有相关联的时间。发生器将创建给定表格行的流动实体,然后当那行的流动实体一离开,就立即转到表的下一行创建实体。也可以重复使用到达序列。

2. 吸收器 Sink

吸收器用来消除模型中已经完成全部处理的流动实体。

3. 处理器 Processor

处理器用来在模型中模拟对流动实体的处理过程,处理过程仅被简单地模拟为一段强制的时间延迟。总延迟时间被分成预置时间和处理时间。处理器可以设置中断停机,经过随机或定期的时间间隔之后恢复正常工作状态。处理器可在其预置、处理及维修时间内调用操作员。当处理器中断停机时,所有正在处理的流动实体都会被延迟。

如果设置处理器最大容量大于 1,则可以并行处理多个流动实体。设置大于 1 的最大容量值时要非常小心。因为如果一次处理多个流动实体,处理器将不能正确地请求操作员,也不能正确计算 MTBF/MTTR 时间,状态统计也不能正确记录。要避免这些问题,可以用多个容量为 1 的处理器来代替一个容量大于 1 的处理器。最大容量只是用来方便创建多个并行的简单的处理器,而不用往模型中拖入那么多个图标。

如果设定处理器在预置或处理期间使用操作员,则在每个操作开始时,它都将使用 requestoperators 命令调用用户定义的几个操作员,在此函数中,处理器作为站点,流动实体作为相关实体。这将导致处理器停下来等待,直到操作员到达。参考 requestoperators 命令的帮助文档了解 requestoperators 任务序列是如何构建的。还要了解 stopobject 命令是如何工作的。一旦所有的操作员到达,处理器就恢复其操作。一旦操作完成,处理器就释放它所调用的操作员。如果处理器被设定为使用相同的操作员来完成预置和处理过程,则处理器要等到预置和处理操作都完成后才会释放操作员。

4. 队列 Queue

队列或暂存区用来在下游实体尚不能接收流动实体时暂时存储它们。暂存区的默认工作方式是先进先出式。暂存区设有分批选项,可以积累流动实体到一个批次再释放它们。如果设定不分批,暂存区将会在流动实体到达之后立即释放它,并在释放每个流动实体之前调用收集结束触发器。

如果激活了分批功能,则暂存区将会等待直到接收到的流动实体个数达到目标数量,然后作为一批同时释放所有的流动实体。最大等待时间默认值为 0。最大等待时间为 0 意味着暂存区将无限等待下去以收集一批流动实体。如果最大等待时间是非零值,则当第一个流动实体到达,暂存区就开始计时。如果计时已经到达最大限制而一个批次还未收集到,则暂存区停止收集,并全部释放已经收集的流动实体。在释放流动实体前调用收集结束触发器,一个指向本批次中第一个流动实体的引用作为函数的 item 参数传递,收集到的流动实体的数量作为 parval(2) 传递。如果将暂存区设置为"清空后接受下一批",则当它一结束收集一个批次就立即关闭其输入端口,并一直等到整个批次离开才再次打开输入端口。如果暂存区不"清空后接受下一批",则它在结束收集每个批次后立即就开始收集下一个批次。这意味着,在任何给定时间,暂存区中都可以有几个完成的批次在等待离开。

注意设置一个批量值必须不大于暂存区最大容量,否则,暂存区将永远都不能达到其批量值,因为其最大容量太小。

5. 合成器 Combiner

合成器用来把模型中行进通过的多个流动实体组合在一起。它可以将流动实体永久地合成在一起,也可以将它们打包,在以后某个时间点上再将它们分离出来。合成器首先从输入端口1接收一个流动实体,然后才会从其他输入端口接收后续的流动实体。用户指定从输入端口2及更大序号的端口接收的流动实体的数量。只有当用户要求的后续流动实体全部到达后,才开始对预置/处理时间计时。可以把合成器设置为在其预置、处理和维修时间期间需要操作员。

合成器有三种操作模式:装盘、合并与分批。在装盘模式下,合成器将从输入端口2与更高序号的输入端口接收到的所有流动实体全部移入到由输入端口1接收的流动实体中,然后释放此容器流动实体。在合并模式下,除了从输入端口1接收到的那个流动实体,合成器将破坏掉其余所有的流动实体。在分批模式下,合成器仅在收集到本批次的流动实体并完成了预置和处理时间后释放所有流动实体。

合成器被配置为总是从输入端口1接收一个流动实体。如果采用合并或分批模式,可能需要从连接到输入端口1的上游实体接收大于1的数量的流动实体。这里有两种办法。最简单的做法是将上游实体同时连接到合成器的输入端口1和2,然后在组成列表中的第一行中,输入一个比所需要收集的流动实体数少1的值。则合成器将从输入端口1接收1个,从输入端口2接收所需的其余数量。如果这种方法不适合某种情形的需要,可采取另一种方式,给模型添加一个发生器,将其连接到合成器的输入端口1,并将发生器的时间间隔设为0,用其他端口接收所有实体。

从同一上游实体接收多种类型的流动实体的技巧:如果有一个上游实体,它可容纳多种类型的流动实体,而用户需要在合成器的组成列表中分别显示这些不同类型,则可以将上游实体的多个输出端口与合成器的多个输入端口连接起来。例如,一个合成器从一个上游处理器接收1和2两种类型的流动实体。需要收集4个类型1和6个类型2的流动实体,将其装盘到一个托盘上。要实现此过程,首先将托盘发生器连接到合成器的输入端口1,然后将处理器的输出端口1连接到合成器的输入端口2,将处理器的输出端口2连接到合成器的输入端口3。将处理器的发送策略指定为按类型发送。然后在合成器组成列表中,在对应于输入端口2的那一行输入4,对应于输入端口3的那一行输入6。

关于手工将流动实体移出合成器的注释:在装盘模式下,如果要使用一个任务序列或者moveobject(移动实体)命令手工地将容器流动实体移出合成器,则要确保为容器实体移出指定一个非0端口。当合成器装盘时,它将组件流动实体先移出合成器再放到容器中,这将触发离开触发器,而区别组件离开到容器中和容器离开此合成器这两个事件的方法是根据离开触发器端口号进行判断,如果端口号为0,则认为是一个组件被移到容器中。

"从端口拉入"选项对于合成器无效。合成器自己处理该逻辑。

6. 分解器 Separator

分解器用来将一个流动实体分成几个部分。分离可以通过拆分一个由合成器装盘的流动实体,或者复制原始实体的多个复本来实现。在处理时间完成后进行分解/拆盘。可以设置分解器在其预置、处理和维修时间内需要操作员。

如果分解器是去托盘模式,则当预置和处理时间一结束,分解器就把去托盘数量的流动实体从容器流动实体移入到自身内部,然后释放拆出的所有流动实体。当所有拆盘分离出的流动实体全部离开分解器时,就释放容器实体。如果分解器是分解模式,则当预置和处理时间一结束,分解器就复制此流动实体,得到总数等于分解数量的流动实体,然后释放所有的流动实体。对于去托盘和分解两种模式,一旦所有的流动实体离开分解器,分解器将立即接收下一个流动实体。

关于分解/去托盘数量的注释:去托盘与分解数量对于这两种方式存在细微的差别。在去托盘模式中,分解器精确地拆出此参数指定数量的流动实体。这意味着,结果得到的总的流动实体数比拆盘数量多 1(拆盘数量＋容器流动实体)。然而,在分解模式中,分解器进行分解数量－1 次复制。这意味着,结果得到的流动实体总数与分解数量精确相等。

关于去托盘次序的注释:当分解器为去托盘模式时,它从后往前拆盘容器中的流动实体,就是说,它首先将最后一个流动实体从容器中拉出,然后拉出倒数第二个,依次类推。如果需要流动实体按特定次序拆盘,则在进入触发器中设定它们的排序号。

7. 输送机 Conveyor

一个输送机可以定义不同的分段组成,每个分段可以是直段,也可以是弧段(弯曲段)。弧段用转过的角度和半径定义,直段由长度定义,这样可以使输送机具有其所需的弯曲度。输送机有两种操作模式:可积聚模式与非积聚模式。在可积聚模式下,输送机像辊道输送机一样运作,即使输送机末端被阻塞,流动实体也可以在上面积聚。在非积聚模式下,输送机像皮带传送机一样运作,如果输送机被阻塞,则输送机上的所有流动实体都会停下。

接收/释放逻辑:当流动实体到达输送机时,先是它的前端到达输送机的起始端。然后开始沿着输送机的长度方向向下输送。一旦流动实体的全长被输送通过了输送机的起始端,输送机就重新打开其输入,可以接收另一个产品了。当流动实体的前端碰到输送机的末端时输送机就释放掉此流动实体。

如果输送机的第一段是弧段,则正在进入的流动实体将会像前面输送机的最后一个分段也是弧段一样被输送到此输送机上。这样,流动实体实际上是弯着被输送到此输送机上的,这可能不符合用户的期望。用户可能想要让流动实体直着放到输送机上。要做到这点,不要让输送机的第一个分段为弧段,插入一个长度为 0 的直段作为第一段。这样,流动实体就能直着放到输送机上了。

输送机一次只接收一个流动实体,且一次只释放一个流动实体。也就是说,如果使用一个任务执行器将流动实体运入或运出输送机,一次只能有一个流动实体被运进来,一次也只能有一个流动实体等待一个输送机来从输送机上将其捡取。当同时有多个操作员捡取流动实体并将其运送到输送机上时,理解这一点很重要。为了实现同时操作,需要在输送机前端设置一个队列,因为队列可以同时接收多个流动实体。

对齐输送机:有一种简单的方法可以对齐后面的输送机。按下 X 键,然后单击输送机,则连接到其第一个输出端口的输送机将被重新排列,与此输送机的末端齐平。同样,连接到那个输送机输出端口 1 的输送机也会被执行此操作,依次类推。这只适用于成系列的输送机,且只适用于输出端口 1。

输送机 x 向尺寸:输送机实体的实际尺寸(被选中时的黄色方框的尺寸)和输送机的长度是不同的。改变输送机的 y 向尺寸将改变其宽度。而改变输送机的 x 向尺寸将改变其支柱脚的宽度。

光电传感器(photo eyes):可以在输送机上指定的位置设置光电传感器。光电传感器监测输送机上的一些位置,当光电传感器被遮挡时,触发输送机的遮挡触发器和未遮挡触发器。除非在遮挡触发器和未遮挡触发器中明确指定了改变输送机行为,它们并不影响输送机的其他逻辑。每个光电传感器都有两个用户定义的域段:一个沿着输送机长度方向的从输送机起始端开始算起的位置,和跳转时间。在任意给定时间,每个光电传感器都处于以下三种状态之一:

未遮挡/绿色——此状态表示没有流动实体遮挡光电传感器。

部分遮挡/黄色——此状态表示流动实体正遮挡着光电传感器,但是还未遮挡到其全部跳转时间。

遮挡/红色——此状态表示流动实体正遮挡着光电传感器,而且至少已经被遮挡了全部跳转时间。

可能发生下列状态转移,每次状态转移都触发一个触发器。

绿到黄——此状态转移发生的条件是,光电传感器没有被遮挡,一个流动实体经过并遮挡它。这时触发输送机的遮挡触发器,向此触发器的遮挡模式参数中传递一个值1。输送机也开始光电传感器跳转时间的计时。

黄到红——此状态转移发生的条件是,一个光电传感器被部分遮挡(黄色状态),其跳转时间计时期满。这将再次触发输送机的遮挡触发器,向触发器的遮挡模式参数中传递一个值2。注意,在触发器逻辑中,需要区分绿到黄转变和黄到红转变的不同触发器。还要注意,如果指定光电传感器的跳转时间为0,则遮挡触发器将会同时触发两次:一次是状态由绿变黄时,然后又是由黄变红时。

黄到绿——此状态转移发生的条件是,光电传感器被遮挡且处于黄色状态时,一个流动实体,后面跟随一段空隙,完成经过光电传感器的过程,使它变为未遮挡。这时触发输送机的未遮挡触发器,并向遮挡模式参数传递1。

红到绿——此状态转移发生的条件是,光电传感器被遮挡处于红色状态,一个流动实体,后面跟随一段空隙,完成经过光电传感器的过程,使它变为未遮挡状态。这将触发输送机的未遮挡触发器,并向遮挡模式参数传递2。

如果将光电传感器的跳转时间设为0,则遮挡触发器将同时触发两次:一次是状态由绿变黄,然后是从黄变红。

关于使光电传感器变为未遮挡的注释:不是每次流动实体完全经过光电传感器时都会触发未遮挡触发器。如果在此流动实体后面紧跟着一个流动实体,则此流动实体经过光电传感器之后,光电传感器仍然保持遮挡状态。不过,如果用户指定一个大于产品实际长度的产品间隔长度,则在两个产品之间就会有空隙,这将会使得在每个流动实体经过光电传感器之后都会触发未遮挡触发器。

输送机的光电传感器显示为横跨输送机的直线。要隐藏输送机的光电传感器,可以按住B键,然后单击输送机,或者可以在输送机参数视窗的光电传感器分页中隐藏光电传感器。

8. 分类输送机 MergeSort

分类输送机是一种非积聚式输送机,允许沿着输送机有多个输入位置(进入点),同时也有多个输出位置(离开点)。分类输送机的每个输入端口都在沿着输送机长度方向上有一个关联入口位置。每个输出端口都有一个关联离开位置和一个阻塞参数。

接收/释放逻辑：对于每个进入点，只要进入点没有流动实体占据，且它前面有足够空间容纳进入的流动实体，分类输送机就可以在那个进入点接收流动实体。进入的流动实体的前边界对齐进入点放置，然后开始沿输送机长度方向向下游传送。当流动实体到达输送机上的一个离开点时，分类输送机在那个端口检查发送条件，如果发送请求返回真，则输送机将释放它从而"尝试"从那个端口将流动实体送出，如果下游实体准备好了接收此流动实体，则尝试成功，流动实体将会从那个输出端口送出。如果尝试失败，将发生两种情况之一：如果那个输出端口的阻塞参数为 0，则流动实体将成为"未释放的"并继续沿输送机的长度方向向下输送；如阻塞参数是 1，整个输送机都会停止，直到下游实体准备好接收此产品。

到达输送机末端但没有离开的流动实体将循环回到输送机的起始端，并再次沿输送机长度方向向下游移动。这就是为什么建议每个分类输送机的最后一个离开点要设定为阻塞的原因，除非想要它们再次沿着输送机输送。当一个流动实体循环到输送机起始端时，触发进入触发器，所涉及的端口号为 0。

关于阻塞的注释：分类输送机是非积聚式输送机，这意味着如果输送机上有一个产品停下，则输送机上的所有产品都停下。在堵塞时，产品不会积聚。在模型中使用分类输送机之前，要清楚这一点。

如果修改了分类输送机的进入/离开位置，则为了正确布置那些位置，需要重置模型。

分类输送机工作逻辑与一般固定资源不同，了解这些不同很重要。首先，分类输送机总是用拉动模式。然而，与其他拉动模式的固定实体不同，它一定检查上游实体送往函数（sendto）的值，以确保可以把流动实体送给分类输送机。第二点不同是用户不能访问"从下列端口拉入"域段。分类输送机自己处理这些逻辑，因为每个端口接收流动实体的能力取决于进入点的位置和输送机上其他流动实体的尺寸和位置。还有，这里没有送往端口参数域段来返回端口号。同样，流动实体离开要通过的端口取决于流动实体的位置和输出点的位置。分类输送机提供一个"发送条件"域段，每当有一个流动实体经过离开位置时就触发该域段的函数。此域段将返回一个真或假值（1 或 0），表示是否允许流动实体离开那个离开点。

关于使用运输机（任务执行器）的注释：使用任务执行器将流动实体搬运到分类输送机上时要特别小心。分类输送机通过某给定端口接收流动实体的能力取决于仿真中任意给定时间的输送机上其他流动实体的位置。如果分类输送机变为准备好接收流动实体的状态的时刻，与其实际接收到流动实体的时刻之间存在时间延迟，则在流动实体到达时，接收流动实体的机会可能已经错过了。这将导致分类输送机不能正确地输送流动实体。如果需要将流动实体运输到分类输送机上，则只能将它们运输到输送机上第一个进入点。或者，将流动实体运输到常规输送机上，由它喂入分类输送机。离开分类输送机时也不能使用运输机，可以将流动实体从分类输送机喂入到常规输送机中，并使用运输机使流动实体离开常规输送机。

进入/离开点可视化：进入/离开点在正投影/透视视图中用红色或绿色箭头绘出。输入位置用箭头指向输送机内部。离开位置用箭头指向输送机外部。绿色箭头表示分类输送机可以通过那个进入点接收流动实体，或者正在等待着通过那个离开点送出流动实体。红色箭头表示分类输送机那个进入点不可用，或者当前正有流动实体等待着通过那个离开点。如要隐藏箭头，从它的属性视窗设置实体不显示端口。

9. 货架 Rack

货架用来存储流动实体。货架的列数和层数可以由用户定义。用户可以指定位置来放置进入货架的流动实体。如果使用一个运输机实体来从一个货架捡取或传递流动实体,运输机将行进到货架中分配给那个流动实体放置的特定货格。货架也可以用来当作一个仓库的地面堆存,使用列号来指定在地面上放置流动实体的 x 位置,用层来指定放置流动实体的 y 位置。

每当一个流动实体进入货架时,则对那个流动实体执行最小停留时间函数。此函数返回此流动实体的最小停留时间。货架为那段时间启动一个计时器。当计时到时,货架就释放此流动实体。

货架的进入/离开触发器可访问额外的参数,其中 parval(3)是流动实体所在的列,parval(4)是流动实体所在的层。

放入列、放入层触发器的触发时机取决于流动实体是被运输到货架的,还是直接从上游实体传进来的。如果它们是被直接传进来的,则在接收它们的时候(接 OnReceive 件中)调用放置函数。如果是被运输机运送到货架中的,则在运输机完成行进任务并开始卸载任务的偏移行进时调用放置函数。在此时间点上,运输机向货架询问将流动实体放在哪里,货架调用放置函数来告诉运输机让它行进到正确的列和层。

放置流动实体:如果货架是垂直存储货架,则进入货架的流动实体将放置在给定的列与层,靠着货架的 y 边缘(yloc(rack)- ysize(rack))。它们将会从那一点开始往货架里向后堆积。如果货架被用作地面堆存,则流动实体将放置在地面上给定的列和层,并从那一点开始垂直堆积。

可视化:可以有几种显示模式以更好地观察货架中的产品。除了不透明属性值,可按住 X 键重复单击货架,则货架将会在不同的显示模式之间切换。这些模式列出如下:

(1) 完全绘制模式:该模式显示每个货格,货架的每层有一个平台以放置流动实体。这是对货架的现实主义的表示方法。

(2) 带货格线的后板面绘制模式:该模式只显示货架的后板面,故总是可以看到货架内部。它还在后板面上绘制网格来代表货架的列和层。这种模式用来更好地查看货架中的流动实体,以及流动实体所在的列和层。

(3) 后板面绘制模式:该模式与前一种相似,只是不绘制网格线。这种模式用来方便地查看货架中的流动实体。

(4) 线框架绘制模式:该模式围绕货架的形状轮廓绘制一个线框。这种模式用来在多个背对背货架中查看流动实体。当货架在这种模式下时,需要按住 X 键单击线框才能切换回模式(1)。

命令:这里有几个命令可用来查询货架的列和层信息。

rackgetbaycontent(obj rack, num bay):此命令返回给定的列中的流动实体总数。

rackgetbayofitem(obj rack, obj item):此命令返回流动实体所进入的列编号。

rackgetcellcontent(obj rack, num bay, num level):此命令返回给定的列和层中的流动实体数目。

rackgetitembybayandlevel(obj rack, num bay, num level, num itemrank):此命令返

回给定的列和层中的流动实体的引用。

rackgetlevelofitem(obj rack, obj item)：此命令返回流动实体所在的层编号。

rackgetnrofbays(obj rack)：此命令返回货架的总列数。

rackgetnroflevels(obj rack [,num bay])：此命令返回货架给定列的层数。

10. 复合处理器 MultiProcessor

复合处理器用来模拟对流动实体的多步有序操作过程。用户定义一系列的处理过程，每个进入复合处理器的流动实体都将按顺序经历这些处理过程。复合处理器可能在处理过程中调用操作员。复合处理器中同一时刻只能有一个流动实体。

对于用户定义的每一个处理过程，可以指定处理过程的名称、处理时间、那个处理过程需要的操作员数目、送给那些操作员的任务的优先级和先占值，以及接收操作任务的操作员或分配器。在每个过程的开始，复合处理器调用处理时间域段，将其状态设定为处理过程的名称，并且调用操作员(如果操作员数目大于 0)。当处理完成之后，复合处理器释放此过程调用的所有操作员，并调用处理结束触发器。它还用 parval(2)将处理过程序号传递给处理完成触发器。

应用背景：如果有一个站点，涉及多个操作，各有不同的处理时间，并且(或者)有不同的资源，则应该使用复合处理器。也可以将复合处理器当作不同类型操作的共享站点使用。例如，流动实体 1 需要经过操作 A、B、C、D，流动实体 2 需要操作 E、F、G、H，但是两种类型必须共享一个站点来进行处理。给复合处理器设定 8 个处理过程：A～H，对于流动实体类型 1，将 E～H 的处理过程的处理时间设定为 0，对流动实体类型 2，将 A～D 的处理过程的处理时间设定为 0。

注意，复合处理器不提供管道处理过程。管道就是当一个流动实体完成了过程 1 并移动到过程 2，另一个流动实体可以进行过程 1 的处理。这样，在任意给定时刻，可以有几个流动实体"沿管道向下流动"。如果需要模拟这种情况，可以使用顺序连接的多个处理器。

B.2 移动资源对象——任务执行器

1. 操作员 Operator

操作员是任务执行器的一个子类，用来在固定资源之间搬运流动实体，如果需要，它可以一次搬运多个流动实体。如果要操作员沿着特定的路径行走，可以将它们置于一个网络中。

操作员根据是否有一个相关流动实体需要执行偏移操作来决定如何执行偏移行进。如果没有流动实体，他将和任务执行器完全一样执行偏移。他行走到使得其 x/y 中心与 z 基面到达目的地位置上。如果存在一个相关的流动实体，则操作员只沿 x/y 平面行走。他只行走到使他的前边界到达流动实体边界的位置点上，而不是 x/y 中心。这通过将总行进距离减去(x 尺寸(操作员)/2+x 尺寸(流动实体)/2)来得到。

应用背景：上面已经提到，操作员会查询流动实体的 x 尺寸以减少总偏移距离。但如

果流动实体的 x 与 y 尺寸差得太多,此功能可能就不能正常工作了,操作员会从流动实体的 y 方向一侧接近流动实体。如果是这种情况,要想看起来更逼真些,可以在装卸/载触发器中,操作员捡取它之前,交换流动实体的 x 和 y 尺寸,并将其右旋 $90°$,完成后立即取消这些改变。

2. 运输机 Transporter

运输机有一个货叉,可以在向货架中捡取或放下流动实体时抬升到相应的高度。如果需要,它可以一次搬运多个流动实体。

运输机实现偏移行进的方式有两种。第一种,如果此行进操作有一个涉及的流动实体,则它自身将行进到使其货叉前沿位于 x/y 目标的位置,并抬升其货叉到 z 目标高度的位置。第二种,如果此偏移行操作没有涉及流动实体,则它行进到使其 x/y 中心和 z 基面到达目的地的位置。

3. 任务执行器 TaskExecuter

该对象与操作员类似,只不过外形改成运输小车的样子,可以模拟 AGV 等运输设备。任务执行器也是其他移动资源的父类。

4. 机器人 Robot

机器人(实际是机械手)是一种特殊的运输工具,它从起始位置提升流动实体并将其放到终止位置。通常,机器人的基面不会移动,而机器人的手臂在搬动流动实体时进行转动。机器人的手臂由两段组成,伸出向着要移动的流动实体或是目的地运动。用户可以设定手臂的长度,也可以设定机器人手臂转动和伸展的速度。

机器人通过伸展其手臂到目的位置来实现偏移行进。注意,在偏移行进时,机器人的 $x/y/z$ 位置根本不会改变。在它向目的地行进的过程中,只是其 y 和 z 方向的旋转和手臂伸展发生改变。如果目的地位置超出了机器人手臂的最大伸展范围,那么机器人只将伸展手臂到最大伸展长度。机器人使用 y/z 旋转速度和手臂伸展来执行偏移行进以到达目的地。偏移行进时间就是伸展手臂、绕 z 轴转动和绕 y 轴转动的时间的最大值。它不使用标准的任务执行器最大速度、加速度和减速度值。

在默认情况下,机器人不与导航器相连。这意味着除非用户明确地将其连接到网络上,否则它不执行 Travel 任务。

5. 起重机 Crane

起重机与运输机的功能类似,但它的图形经过了修改。起重机在固定的空间内工作,沿着互相垂直的 x、y 和 z 三个方向运动。它用来模拟有轨梁导引的起重机,如门式、桥式和悬臂式起重机。在默认情况下,起重机吊具在捡取或放下流动实体移动到下一个位置前会上升到某一个高度。要想更进一步地控制吊具从一次捡取到下一次捡取的运动,可以在其属性窗体修改行走顺序。

起重机根据用户设置的行走顺序执行偏移行进,默认行走顺序是 L>XY>D。">"字符用于分离行走操作。L 是提升吊具,X 是移动大车,Y 是移动小车,D 是下放吊具到偏移位置。默认行走顺序是先提升吊具,再同时移动大车和小车到偏移位置,最后放下吊具。

起重机行进到使它的 x/y 中心和 z 基面到达目的地位置。如果此偏移行进任务有一个涉及的流动实体,则起重机行进使其 x/y 中心和 z 基面到达流动实体的顶部。

6. 升降机 Elevator

升降机是一种特殊的运输机,它上下垂直运输移动流动实体。它自动移动到需要捡取或放下流动实体的高度。可以动画显示流动实体进入或离开升降机的过程,这使得升降机的装载和卸载时间感觉更逼真。

升降机只执行偏移位置的 z 轴方向的偏移量来实现偏移行进。如果偏移行进是为了一个装载或卸载任务进行的,则偏移一完成,它就采用用户定义的装载/卸载时间将流动实体移到载货平台上,或者从载货平台移到目的地位置。在移出或移入升降机时,流动实体沿升降机的 x 轴向运动。

关于将流动实体移上升降机的注释:对于一个装载任务,如果流动实体包含在一个不断刷新流动实体位置的对象中,例如是一个输送机(conveyor),则可能不能正常地将流动实体移动到升降机上。在这种情况下,如果需要显示出流动实体被移到载货平台上的过程,则必须确保在模型树中升降机排在那个对象的后面(在树中,升降机必须比此对象更低)。

默认情况下,升降机不与导航器相连,这意味着不会执行行进任务。所有行进都是采用偏移行进来完成的。

应用背景:由于升降机的主要特性是只沿 z 轴运动,它可用来实现让实体只沿着一个轴向运动的目的。

7. 堆垛机 ASRSvehicle

堆垛机是一种特殊类型的运输机,专门设计用来与货架一起工作。堆垛机在两排货架间的巷道中往复滑行,提取和存入流动实体。堆垛机可以充分展示伸叉、提升和行进动作。提升和行进运动是同时进行的,但伸叉运动只在堆垛机完全停车后才进行。

堆垛机通过沿着自身 x 轴方向行进的方式来实现偏移行进。它一直行进直到与目的地位置正交,并抬升其载货平台。如果偏移行进是要执行装载或卸载任务,那么一完成偏移,它就会执行用户定义的装载/卸载时间,将流动实体搬运到其载货平台,或者从其载货平台搬运到目的位置。

默认情况下,堆垛机不与导航器相连,这意味着不执行行进任务。取而代之的是所有行进都采用偏移行进的方式完成。

关于将流动实体搬运到堆垛机上的注释:对于一个装载任务,如果流动实体处于一个不断刷新流动实体位置的实体中,如输送机时,不能将流动实体搬运到载货平台上。这种情况下,如果想要显示将流动实体搬运到载货平台的过程,则确保在模型树中,堆垛机排在它要提取的那个实体的后面(在模型树中,堆垛机必须排在此实体下面)。

除了标准任务执行器所具有的属性外,堆垛机具有建模人员定义的载货平台提升速度和初始提升位置。当堆垛机空闲或者没有执行偏移行进任务时,载货平台将回到此初始位置的高度。

应用背景:由于堆垛机的主要特性是它只沿着它的 x 和 z 轴运动且不转动,所以此实体可用来模拟任何不作旋转,只前后和上下往复运动的情形。在一些模型中,它被当作一辆简单的中转车使用,或者当作两个或多个运输机之间的中转运输机使用。

8. 关于导航器 Navigator

前面移动资源的描述中经常涉及到导航器,导航器不是移动资源对象,它是 Flexsim 的一个内部对象,它与移动资源对象的 Travel 任务有关。当移动资源要执行 Travel 任务时,它先向与之关联的导航器发送请求,如果它连在网络上,就向网络导航器发送请求。也就是说,当移动资源要执行 Travel 任务时,它通知导航器它要去的目的地,导航器根据自己的内部规则推动移动资源行进。网络导航器推动移动资源沿着网络线路行进,而默认的导航器推动移动资源直接行进到目的地。

有些移动资源(包括 ASRSvehicle、Elevator 和 Robot)默认情况下并无联系到任何导航器,这种情况下,当它执行 Travel 任务时,实际上不会移动。如果想要它们在执行 Travel 时移动,可以将它们连到网络上,这样就与网络导航器建立了联系,因此就可以移动了。

9. 行进 Travel 和偏移行进 Offset Travel 的区别

当执行 Travel 任务时,任务执行器的移动是正常的行进;当执行 Load 和 Unload 任务、Traveltoloc 和 Travelrelative 任务、Pickoffset 和 Placeoffset 任务时,默认情况下任务执行器会移动到目标位置,而且根据执行器类型不同还会有特殊移动,如运输机提升叉子等,这类移动称为偏移行进(Offset Travel)。

B.3 其他对象

1. 分配器 Dispatcher

分配器将它收到的任务序列根据自己的规则分配给移动资源,控制一组移动资源,如运输机或操作员执行任务。任务序列送到分配器,分配器将它们分配给与其输出端口相连的运输机或操作员。

分配器对任务序列实施排队和选择逻辑。根据建模人员的逻辑,任务序列一旦传递给一个分配器,则可能进行排队,也可能被立即分配。

当分配器因 dispatchtasksequence( )命令触发,接收到一个任务序列时,首先调用其"Pass To(传递给)"函数。如果此函数返回大于 0 的端口号,分配器将立即把任务序列传送给与那个端口相连的实体。

如果函数返回 0 而不是一个端口号,则任务序列在分配器任务序列队列中进行排队。这是通过调用任务序列的排队策略函数完成的。排队策略返回一个与此任务序列相关联的值,代表在队列中对此任务序列进行排序的优先级。高的优先级值排在队列的前面,低的排在后面。通常会简单地返回任务序列的优先级值,但是如果需要,排队策略函数允许动态地改变任务序列的优先级。在对队列中的任务序列进行排序时,分配器会对队列中的每个任务序列都调用一次排队策略函数,从而将每个优先级的值与新的任务序列的优先级值进行比较。一旦发现可放置新的任务序列的正确位置,就对它进行相应的排序。

分配器是所有任务执行器的父类,换句话说,所有任务执行器都是分配器。这意味着所有的操作员或者运输机都可以扮演分配器或者团队指挥的角色,给组中其他成员安排任务序列,同时自己也执行任务。

2. 网络节点 NetworkNode

网络节点用来定义各种任务执行器行进的路径网络。默认情况下,在网络上行进的对象将沿着起始位置和目标位置之间的最短路径行进。

连接行进网络有如下三个步骤:

(1) 将网络节点相互连接;

(2) 将网络节点连接到扮演网关的实体上;

(3) 将任务执行器连接到某些网络节点,在仿真开始时,任务执行器将从该节点进入网络。

要在两个网络节点之间创建一条路径,可以按住 A 键单击一个网络节点,然后拖动到另一个节点,这将会创建两个节点间的一条路径,一条路径实际包含两条单行线(模拟公路上的左边和右边通行线路),也称为侧边。路径上的两个绿色箭头分别表示两条单行线(侧边)可通行的方向。此后若再 A 键拖动连接将会在一个线路上进行“允许超车”和“禁止超车”两种模式之间切换(黄色和绿色),切换的方向取决于操作是从哪个节点拖到哪个节点。

一个“Q”键拖动连接将会把路径的一个单行方向切换锁定为“无连接”,这意味着不允许行进物沿那个方向行进,这种类型的连接用红色绘制。

打开网络节点的属性窗体可配置从此节点向外连接的所有单行线。如果需要配置连接进入此节点的单行线,则去编辑连接到此节点的那个节点的属性窗体。对于网络节点的每条向外连接的单行线,可以进行命名,指定其行进连接类型、间隔、速度限制以及“虚拟”距离,介绍如下:

(1) 名称 连接的名称仅为语义表达,对模型逻辑没有影响。

(2) 连接类型 有三种连接类型:无连接、允许超车和禁止超车。无连接意味着这条侧边上不允许有行进物。如果选择无连接,则会用红色表示相应的侧边。允许超车意味着行进物不会沿着侧边聚集,如果速度不同,只简单地相互超过就可以了。禁止超车意味着此侧边上的行进物不会超车,采用间隔值作为它们之间的缓冲距离。

(3) 间隔 只适用于禁止超车的侧边。这是在一个行进物后边界与另一个行进物前边界之间需要保持的距离。

(4) 速度限制 这是侧边的速度限制。行进物将会采用它们自身的速度以及侧边的限制速度中小者行驶。如果侧边允许超车,则一旦行进物上路就会加速或减速到适当的速度。但如果禁止超车,则行进物将会立即将其速度改变为合适的速度,而不使用加速或减速。

(5) 虚拟距离 这里可以输入一个用户定义的侧边距离替换模型中的实际距离。如果两个节点间距离很大,又不想让另一个网络节点显示在模型中一个相距极远的位置上,则可以使用虚拟距离。如果输入 0,则会使用侧边的实际距离;否则,将使用输入的距离。

每个节点的连接都有一个相应的编号。这和在节点属性页上的各连接的列表顺序相同。列表中的第一个连接是连接 1,第二个连接是连接 2,依次类推。如要得到与此节点相连的网络节点的引用,则可根据指定的连接号,使用outobject( )命令得到。

动态关闭侧边:在仿真过程中,可以使用closenodeedge和opennodeedge命令动态地关闭路径。在这两个命令中,要指定网络节点,以及侧边的编号或者名称。一个关闭的侧边将不再允许更多的行进物进入到此侧边中,直到它再次被打开。不过,关闭时已经在侧边上的行进物可以继续行进并能离开此侧边。关闭的侧边用橙色绘制。

默认情况下,路径是直的,右击路径上的绿色箭头,在弹出的快捷菜单选择Curved选项,路径上就会出现两个小黑点,称为样条控制点,拖动样条控制点,可弯曲路径。按住X键,单击样条控制点,可以添加一个相邻的样条控制点。单击样条控制点,按删除键,即可删除样条控制点。

连接网络节点到固定实体:要连接一个网络节点到模型中的某个固定实体,相对此实体,该网络节点扮演行进网关的角色,可以在这个网络节点和此实体之间创建一个"A"拖动连接。这将在网络节点和实体左上角之间绘制一条蓝色连线。这意味着在网络上行进并想到达那个实体的任务执行器,将通过该网络节点到达该实体。

可以将多个网络节点连接到一个实体上。这将导致一个想要到达那个实体的任务执行器行进到与那个实体相连的、离它自己最近的网络节点。也可以将多个实体与同一个网络节点相连。

连接网络节点到任务执行器:要将一个网络节点连接到一个任务执行器上,使它在网络中行进,可以在网络节点与任务执行器之间建立一个"A"键拖动连接,这将在网络节点与实体左上角之间绘制一条红色连线。建立这种类型的连接意味着任何一个给定了行进任务的任务执行器都将沿着此网络到达其目的地。它还意味着,当任务执行器需要穿过网络行进时,它第一个到达的节点是与它相连的那个节点。每当一个任务执行器完成一次行进操作到达与行进操作的目的实体相连的网络节点时,任务执行器将会在那个节点变为"非激活",当它在那个节点区域内进行某些操作时,将会绘制出连接此任务执行器的红色连线。这意味着,任务执行器下一次再接到行进任务时,它必须首先返回到它以非激活态所在的那个网络节点去,才能回到网络中。

使用"D"键可将一个网络节点连接到一个任务执行器,并作为一个行进网关;使用"E"键来断开连接。用这种方式连接,将会绘制一条连接到任务执行器的蓝色连线,标示着向着那个任务执行器行进的其他任务执行器将行进到与它用蓝色线连接的网络节点去。

网络有一系列的绘制模式,从显示最多信息到显示最少信息等方式各异。这些模式列出如下:

模式1:显示节点、路径、实体/任务执行器连接、样条线节点。

模式2:显示节点、路径、实体/任务执行器连接。

模式3:显示节点、路径。

模式4:显示节点。

模式5:只显示一个节点。

按住X键并重复单击网络节点,整个网络将会在这些模式之间进行切换,每进行一次"X"单击,就显示更少的信息。按住B键并重复单击网络节点,整个网络将会在这些模式之间进行逆向轮流切换。也可以选中一系列网络节点(按住Ctrl键然后单击几个节点),然后在其中的某一个节点上做"X"单击操作,则显示模式切换就应用到所选中的那些节点上。

如果选中一系列网络节点,但却在一个未被选中的节点上做"X"单击操作,则显示模式的切换将应用到那些没有选中的节点上。当模型很大,而不需要显示所有的样条线连接时,此操作功能将很有用。

最大行进物数目:可以指定节点上允许的非激活或者静止的行进物的最大数目。一个非激活行进物就是连接到此网络节点,且不在执行行进(travel)任务,而是在做其他任务(包括偏移行进)或者空闲的行进物。如果在行进物和网络节点之间有一条红色连线,可以凭这一点断定这个行进物是非激活的。

如果将网络节点的静止行进物的最大数目设为1,且已经有一个行进物停在那个节点,则当其他行进物到达此节点时就必须等待,直到第一个行进物离开此节点。注意,这只适用于第二个行进物的目的地是此节点的情况。如果第二个行进物只是想通过此节点到其他节点去,则它不必等待。

虚拟出口:网络节点还可以有虚拟出口。上面提到,当一个任务执行器完成行进任务时,它就在目标网络节点处变为非激活态。一旦它接到另一个行进任务,就必须返回那个节点从而回到网络中。按住 D 键单击这个目标网络节点拖动到另一个节点,可以建立虚拟出口(这个新节点就称为虚拟出口),这样任务执行器可以根据总距离最短原则选择从原始节点或虚拟出口节点回到网络。按住 E 键在网络节点之间沿着想要删除的虚拟出口连接方向拖动鼠标,可以删除虚拟出口。

这里有几个命令可用来动态操纵网络和运输,命令如下:

reassignnetnode(object transport, object newnode):动态改变一个任务执行器正静止驻留的网络节点。

redirectnetworktraveler(object transport, object destination):如果一个行进物正在网络上向着给定目的地行进,而用户想要在行进过程中改变它的目的地,则可用此命令。

distancetotravel(object traveler, object destination):此命令可以用来计算任务执行器当前所在静止节点到目的实体的距离。

getedgedist(object netnode, num edgenum):此命令返回一个网络节点中的一个连接侧边的距离。

getedgespeedlimit(object netnode, num edgenum):此命令返回网络节点的一个侧边的速度限制。

改变距离表:模型中所有网络节点的距离/路径表都保存于一个叫做defaultnetworknavigator 的全局实体中。只有在对网络进行了改变时,才对其进行重新计算优化。如果单击了模型中的一个网络节点,或者在模型中的两个网络节点之间进行了"A"或"Q"拖动操作,那么下一次重置模型时,距离/路径表将会重新计算。

3. 交通控制器 TrafficControl

交通控制器用来控制一个交通网络上给定区域的交通,连接网络节点与交通控制器可以建立一个交通控制区域,这些网络节点就变成交通控制区域的成员。同一个交通控制器实体中的任意两个网络节点之间的路径都是交通控制路径。行进物只有在获得交通控制器许可的情况下才能到那条路径上去,这条路径在给定时间只允许一定数目的行进物进入区域,或者可以使用非时间模式,只允许行进物立即到给定的路径段上去。

4．可视化工具 VisualTool

可视化工具采用道具、风景、文字和展示幻灯片来装饰模型空间,目的是给模型更逼真的外观。它们可以是简单如彩色方框、背景之类的东西,或者是精细如 3D 图形模型、展示幻灯片之类的东西。

可视化工具的另一种用法是用做模型中其他实体的容器实体。当用作容器时,可视化工具就成为一个分级组织模型的便利工具。容器也可以保存在用户库中,作为将来开发模型的基本建模模块。

附录 C Flexsim 全自助多媒体仿真实验平台

C.1 概述

实验是学习系统仿真课程的重要环节,它直接锻炼了学生的动手建模能力。由于系统仿真课程实验需要操作专业的仿真软件,实验难度较高,采用传统的书面实验手册加教师口头讲解的方法指导课程实验难以满足课程需求,因为编写的书面实验指导手册不可能记录每一个软件操作细节,如果教师在实验课上口头指导操作细节,不仅费时费力,许多学生也跟不上进度。

为解决系统仿真实验课的问题,我们开发了"Flexsim 全自助多媒体仿真实验平台"软件,目的是让学生能够在此软件指导下,无须教师干预,完全自主地完成各项仿真实验,既减少了教师的实验指导工作量,也提高了实验效果。该软件可以与本书配套使用,也可以供任何采用 Flexsim 的系统仿真课程使用。该平台已投入实际教学,取得了良好的效果,图 C-1 所示为该平台的主界面。

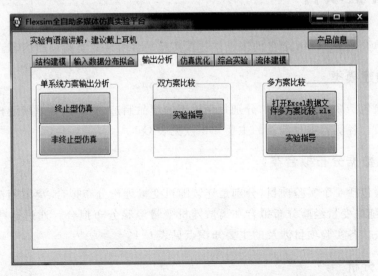

图 C-1　Flexsim 全自助多媒体仿真实验平台主界面

该实验平台的实验项目分为 6 大类 14 个实验项目,每个实验项目由实验目的、案例描述、多媒体视频操作指导和若干小练习组成,其中多媒体视频操作指导是有声音指导的 Flash 操作视频,每个视频都带有导航菜单方便导航,如图 C-2 所示。

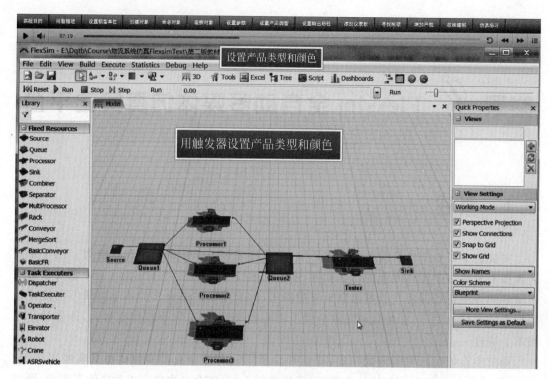

图 C-2　视频操作指导界面

C.2　实验项目

以下简单介绍 Flexsim 全自助多媒体仿真实验平台所含的实验项目内容。

1．结构建模类

本类实验包括 3 个实验项目,分别是带返工的产品制造、物料搬运系统建模和物料搬运系统扩展建模。各实验项目涉及的主要知识点见表 C-1。

2．输入数据分布拟合类

本类实验包括 4 个实验项目,分别是连续随机变量理论分布拟合、离散随机变量理论分布拟合、连续随机变量经验分布拟合和离散随机变量经验分布拟合。通过这些实验学习分布拟合的方法。各实验项目涉及的主要知识点见表 C-1。

3．输出分析

本类实验包括 4 个实验项目,分别是单系统终止型仿真输出分析、单系统非终止型仿真输出分析、双方案比较和多方案比较,通过这些实验学习仿真输出分析的方法。各实验项目涉及的主要知识点见表 C-1。

4. 仿真优化类

本类实验包括一个实验项目,即仿真优化,通过该实验学习仿真优化的方法。各实验项目涉及的主要知识点见表 C-1。

5. 综合实验类

本类实验包括一个综合性的实验项目,即库存系统仿真,通过该实验学习一些较为高级的建模技术。各实验项目涉及的主要知识点见表 C-1。

6. 流体建模类

本类实验包括一个实验项目,即流体建模,通过该实验学习 Flexsim 中针对连续系统建模的流体建模技术。各实验项目涉及的主要知识点见表 C-1。

表 C-1 实验项目与知识点

结构建模类
实验项目:带返工的产品制造 知识点: 设置模型单位 设置对象属性(名称、参数等) "A 连接"连接对象,"Q 连接"删除"A 连接" 端口 port 的概念 触发器(Trigger)的使用(设置产品类型和颜色) 设置输出路径(即设置输出端口 Send to Port 字段) 使用仪表板(Dashboard)查看输出统计指标(性能指标) 建模机器故障的方法 标签 Label 的使用 任务执行器建模
实验项目:物料搬运系统建模 知识点: 设置输出路径(输出端口) 任务执行器(移动资源:操作员、叉车等)建模 使用仪表板查看输出统计指标(性能指标) 路径网络建模(Network Node)
实验项目:物料搬运系统扩展建模 知识点: 组合器(Combiner)和分解器(Separator)的用法(装盘、拆盘) 分类输送机(MergeSort)的用法 堆垛机(ASRSvehicle)的用法

续表

输入数据分布拟合类
实验项目：连续随机变量理论分布拟合
知识点：
连续随机变量分布拟合的基本步骤
独立性检验和同质性检验的方法
拟合优度检验的思想和方法
用 ExpertFit 软件执行连续随机变量分布拟合
实验项目：离散随机变量理论分布拟合
知识点：
离散随机变量分布拟合的基本步骤
独立性检验和同质性检验的方法
拟合优度检验的思想和方法
用 ExpertFit 软件执行离散随机变量分布拟合
实验项目：连续随机变量经验分布拟合
知识点：
连续随机变量的经验分布拟合步骤
用 ExpertFit 软件执行连续随机变量经验分布拟合
实验项目：离散随机变量经验分布拟合
知识点：
离散随机变量的经验分布拟合步骤
用 ExpertFit 软件执行离散随机变量经验分布拟合
输出分析类
实验项目：单系统终止型仿真输出分析
知识点：
理解什么是终止型仿真
终止型仿真单一方案输出分析的步骤
理解如何度量性能指标估计的精度(用相对误差即置信区间的半宽/均值,或绝对误差即置信区间的半宽度量)
理解提高估计精度的方法(即提高运行次数)
实验项目：单系统非终止型仿真输出分析
知识点：
理解什么是非终止型仿真
掌握非终止型仿真中确定预热期和仿真时间长度的方法
掌握非终止型仿真单一方案输出分析的步骤
实验项目：双方案比较
知识点：
掌握双方案比较的步骤和思想(成对 t 置信区间法)
理解根据差值的均值的置信区间是否包含 0 判断方案是否有显著差异
学会使用 Excel 计算置信区间

输出分析类
实验项目：多方案比较 知识点： 掌握多方案比较步骤和思想(两两比较法) 理解整体显著性水平和个体显著性水平的关系

仿真优化类
实验项目：仿真优化 知识点： 仿真优化的思想和步骤 识别和定义决策变量和输出变量 设置约束方程 设置目标函数 理解优化运行参数的含义

综合实验类
实验项目：库存系统仿真 知识点： 库存系统的基本结构和基本建模要素 使用全局变量 学习时间加权平均数的求法(如平均物理库存) 学习库存仿真优化的方法

流体建模类
实验项目：流体建模 知识点： 理解连续系统和离散系统的区别 学习 Flexsim 流体建模方法

C.3　教学资源包

　　为方便教师教学,我们还开发了教师"教学资源包",内容包含总体教学建议,"Flexsim 全自助多媒体仿真实验平台"中练习题的答案,本教材所有习题的答案和本教材所有实验题的答案,如图 C-3 所示。

　　"Flexsim 全自助多媒体仿真实验平台"和"教学资源包"可供教师教学或企业培训使用,有需要的教师或企业请与秦天保联系索取,E-mail：qtbhappy@163.com,手机：13636435276(上海)。另外,本书附有 PPT 讲义,可免费赠给教师上课使用,需要的教师也可以与秦天保联系索取(仅供教师)。

图 C-3　教学资源包

参 考 文 献

Canonaco P,Legato P,Mazza R M, Musmanno R. A queuing network model for the management of berth crane operations[J]. Computers & Operations Research,2008,35(8):2432-2446.

ExpertFit 用户手册.

Flexsim 联机帮助手册.

Jung S H,Kim K H. Load scheduling for multiple quay cranes in port container terminals[J]. Journal of Intelligent Manufacturing,2006,17(4):479-492.

JTJ 211—99.海港总平面设计规范[S].

Kendall D G. Stochastic processes occurring in the theory of queues and their analysis by the method of the imbedded Markov chain [J]. Ann. Math. Statistics,1953,24:338-354.

Law A M,Kelton W D. 仿真建模与分析(影印版)[M]. 3 版. 北京：清华大学出版社,2000.

Lee S Y, Cho G S. A Simulation Study for the Operations Analysis of Dynamic Planning in Container Terminals Considering RTLS[C]// Second International Conference on Innovative Computing, Information and Control. Kumamoto,Japan,2007:457-460.

Little J D C. A Proof of the Queuing Formula：L=AW[J].Operations Research,1962,9(3):383-387.

Schmidt J W, Taylor R E. Simulation and Analysis of Industrial Systems, R. D. Irwin, Homewood, Illinois,1970.

Scott D W. On optimal and data-basedhistograms[J]. Biometrika,1979,66(3):605-610.

Sturges H A. The choice of a class interval [J]. Journal of the American Statistical Association,1926,21:65-66.

White K P, Ingalls R G. Introduction to Simulation[C]// Proceedings of the 2009 Winter Simulation Conference,Austin,TX,USA,WSC,2009:12-13.

Yeo G T,Michael R,Soak S M. Evaluation of the Marine Traffic Congestion of North Harbor in BusanPort [J]. Journal of Waterway,Port,Coastal & Ocean Engineering,2007,133(2):87-93.

Zhang L, Huo J Z. Configuring Container Truck Optimization Based on Simulation Model of Single Ship Handling and Transportation on Container Terminal [J]. Journal of System Simulation,2006,18(12):3532-3535.

辜勇,董明望,刘洁涛,等.集装箱堆场仿真建模及其在堆场规划设计中的应用[J].武汉理工大学学报：交通科学与工程版,2007,31(4):633-636.

隽志才,孙宝凤.物流系统仿真[M].北京：电子工业出版社,2007.

秦天保,张旖.应用 3D 虚拟现实仿真辅助集装箱码头堆场闸口规划[J].上海海事大学学报,2009,30(1):63-68.

尚晶,陶德馨.集装箱码头集卡调度策略的仿真研究[J].武汉理工大学学报：交通科学与工程版,2006,30(5):827-830.

于越,金淳,霍琳.基于仿真优化的集装箱堆场大门系统规划研究[J].系统仿真学报,2007,19(13):3080-3084.

张涛,苗明,金淳.基于仿真优化的集装箱堆场资源配置研究[J].系统仿真学报,2007,19(24):5631-5634.

张晓萍.物流系统仿真原理与应用[M].北京：中国物资出版社,2005.

[美]班克斯,等.离散事件系统仿真[M].肖田元,范文慧,译.4 版.北京：机械工业出版社,2007.

[美]哈勒尔,等.系统仿真及 ProModel 软件应用(影印版)[M].2 版.北京：清华大学出版社,2005.

[美]凯尔顿,等.仿真使用 Arena 软件[M].3 版.周泓,等,译.北京：机械工业出版社,2007.